ROSEN

ROSEN

SORTEN, PFLEGE UND GESTALTUNG

Text von Sandra Lindner
Fotografien von Jürgen Becker

Parragon
Bath New York Singapore Hong Kong Cologne Delhi Melbourne

Parragon Books Ltd,
Queen Street House,
4 Queen Street,
Bath BA1 1HE, UK

ISBN 978-1-4075-0131-4
Printed in China

Text: Sandra Lindner
Fotos: Jürgen Becker

Layout, Typografie, Satz, Bildbearbeitung,
Lithografie, Lektorat:
Makro Chroma Werbeagentur, Hilden

Köln, den 01.05.2007

INHALT

WISSENSWERTES ÜBER ROSEN

ABSTECHER IN DIE BOTANIK

Der Name der Rose

Bei unseren Gartenrosen unterscheidet man grob zwischen Wildrosen und Kulturrosen, die folgendermaßen in die Nomenklatur der Botanik integriert werden: Alle Rosen gehören zur Pflanzenfamilie der Rosengewächse (*Rosaceae*). **Gattungsname:** Innerhalb dieser Familie verkörpern sie die Gattung *Rosa*. **Artname:** Die verschiedenen Wildrosen mit ihren unterschiedlichen Erscheinungsformen und Eigenschaften charakterisiert der jeweils angehängte Artname, zum Beispiel bei der Hundsrose *Rosa canina*. **Sortenname:** Er bezeichnet eine neue Rose, unabhängig davon, wie sie entstanden ist. Bei Wildrosen-Sorten, die noch viel Ähnlichkeit mit der reinen Art der Wildrose haben, wird der botanische Name mitgeschrieben, zum Beispiel *Rosa canina* 'Kiese'. Die Hybriden – und das ist die große Mehrheit unserer gezüchteten Gartenrosen – die durch Kreuzung von Wildrosen, durch Kreuzung von Wildrosen mit Sorten oder durch Kreuzung von Sorten untereinander entstehen, werden nur noch mit dem Sortennamen benannt, zum Beispiel 'Gloria Dei'. Dieser Sortenname kann international variieren. Man spricht dann von Synonymen der Rose. So heißt 'Gloria Dei' zum Beispiel in den USA 'Peace', während man sie in Italien 'Gioia' nennt. Sortenbezeichnungen wie diese sind für den Rosenfreund von ausschlaggebender Bedeutung, denn sie werden als Benennung der Rose in der Rosenliteratur wie in Rosenkatalogen geführt.

Warenzeichen und Sortenschutzbezeichnung

Um den Erfolg ihrer Arbeit zu sichern, können Züchter sowohl den Namen der Rose wie das „Produkt", also die neue Sorte selbst, schützen. Beide Sicherungsmaßnahmen sind unabhängig voneinander. Das Warenzeichen schützt den Namen der Pflanze und ist am hochgestellten R hinter dem Sortennamen erkennbar. Die Sortenschutzbezeichnung ist international einheitlich und sichert dem Züchter das Recht, diese Sorte ausschließlich selbst gewerblich zu vermehren, in den Handel zu bringen oder Lizenzen davon zu vergeben. Bei der Sortenschutzbezeichnung weisen meist die ersten drei Buchstaben auf den Züchter hin. So lautet die Sortenschutzbezeichnung der Englischen Rose 'Heritage' beispielsweise AUSblush, nach ihrem Züchter Austin. Warenzeichen und Sortenschutzbezeichnung sind für den Rosenliebhaber jedoch kaum von Bedeutung.

Seite 6/7
Ihrem Ruf als „Königin der Blumen" wird die öfterblühende Kletterrose 'New Dawn' an diesem Eisenpavillon charmant gerecht.

Links
In Büscheln erscheinen die duftenden, halbgefüllten Blüten der Ramblerrose 'Arndt' und erfreuen im Herbst mit einem zweiten Flor.

Neben den starkgefüllten Blüten der 'Königin von Dänemark' birgt dieser Rosenteppich die von 'Winchester Cathedral'® (weiß), 'Louise Odier' (rosa) und die der zierlichen Wildrosen *Rosa glauca* (Mitte) und *Rosa micrantha* (unten).

Die Wunderwelt der Blüten

Während viele Wildrosen nur einmal blühen, haben Sorten eine recht unterschiedliche Blüh-Rhythmik. Da gibt es remontierende Sorten, die im Herbst noch einmal schwach nachblühen, öfterblühende Sorten, die in Schüben reich blühen und dauerblühende Sorten, die mit kleinen Verschnaufpausen von Juni bis zum Frost Blüten entfalten. Den Charme einer Rose prägen ganz entscheidend die Blütenformen. So lassen sich neben einfachen Blüten mit 5 bis 10 Kronblättern (Petalen), halbgefüllte mit 10 bis 20 Petalen, gefüllte mit 20 bis 40 Petalen sowie stark- oder dichtgefüllte Blüten mit über 40 Petalen unterscheiden. Neben der Anzahl verleihen aber auch Form, Größe und Stellung der Petalen den Blüten ihre individuelle Form, die man in geviertelte, kugelige, becher-, rosetten-, stern-, nelkenförmige, flache und elegante Blüten einteilt.

Der Duft – die Seele der Rosen

Auch der Duft der Rosen ist primär in den Blüten lokalisiert. Dabei hat jede duftende Rose ihren eigenen „Körpergeruch" und dieser ist nicht nur flüchtig, sondern auch abhängig von Temperatur und Luftfeuchtigkeit, Tageszeit und Boden. Der Sitz des Dufts liegt vorwiegend in den Kronblättern, wo er winzigen Drüsen auf der Oberseite der Petalen entströmt. Kein Wunder, dass dichtgefüllte Rosen stärker duften als einfache, dass dicke Blütenblätter intensiveren Wohlgeruch verbreiten als hauchdünne. Dabei verströmen vor allem rote und rosa Blüten das typische Rosen-Odeur, während weiße und gelbe Rosen oft nach Iris, Veilchen oder Zitrone duften und orangefarbenen Blüten auch Klee- und Fruchtaromen anhaften können. Aber auch Wohlgerüche unterliegen unterschiedlichen Präferenzen. Während man im Orient die schweren Düfte der Damaszenerrosen liebt, bevorzugt man in Grasse, dem Parfumzentrum Südfrankreichs, die lieblichen Duftnoten von Zentifolien und Apothekerrose.

Typisch für Rugosa-Hybriden sind die großen, runden, fleischigen Hagebutten, die sich gut für die Küche eignen. So wie bei der Rose 'Germanica' schlagen sich bei anderen *Rugosa*-Sorten die langen Kelchblätter zipfelig nach unten.

„Keine Rose ohne Dornen"

Dieses gängige Sprichwort ist botanisch gesehen doppelt falsch. Denn Rosen sind nicht mit Dornen, sondern mit Stacheln bewehrt. Wer sie einmal von Rosentrieben entfernt hat, weiß, dass es sich um aufsitzende Auswüchse handelt, die sich relativ leicht vom Trieb lösen lassen.

Echte Dornen hingegen werden – wie zum Beispiel bei Kakteen – aus dem Kerngewebe gebildet und sind folglich fest mit der Pflanze verwachsen. Auch die Aussage, dass alle Rosen Stacheln tragen, ist nicht richtig. Denn es gibt etliche Sorten, die stachellos oder fast stachellos sind. Bei den bewehrten Rosen spiegeln die Stacheln jedoch etwas von der Individualität der Pflanze wider. Da gibt es hakige und gerade, nadeldünne und breitflächige sowie haarige und borstige Gebilde.

Hagebutten – die Früchte der Rosen

Viele Rosen überraschen im Spätsommer mit Hagebutten, wobei allerdings dichtgefüllte Sorten oft selbststeril sind. Hagebutten bilden sich durch Anschwellen des Kelchbechers unterhalb der Kronblätter und sind Sammelfrüchte. In ihnen reifen die eigentlichen Samen (Nüsschen) heran, deren Anzahl und Größe art- und sortenspezifisch ist. Art- und sortenspezifisch sind auch die Formen und Farben der Hagebutten.

So lassen sich kugelige, flachkugelige, eiförmige, birnenförmige, spindel- und flaschenförmige sowie Übergangsformen zwischen diesen unterscheiden. Auch in ihrer Oberfläche variieren die Rosenfrüchte. In der Mehrzahl sind sie glatt und kahl, können jedoch auch mit Stieldrüsen, Stachelborsten oder kurzen, dicken Stacheln besetzt oder gar bereift sein.

EINTEILUNG DER ROSEN UND BUCHAUFBAU

Faszinierend sind die ungewöhnlich langen, flügelartigen Stacheln der Stacheldrahtrose (*Rosa sericea* ssp. *omeiensis* fo. *pteracantha*)

Gliederung nach der Rosen-Klassifizierung

Oberstes Ziel dieses Buchs ist es, dem Leser beim Kennenlernen oder Durchstreifen der vielgestaltigen Rosenwelt eine Orientierungshilfe zur Hand zu geben und ihm eine repräsentative Auswahl schöner und robuster Rosen vorzustellen. Aus diesem Grund folgt der Aufbau des Buchs den international üblichen Einteilungskriterien der Rosen – und zwar in ihrer Bedeutung für den Gartenfreund.

Alte Rosen: Nicht nur aus Gründen der Chronologie, sondern auch, weil sie mit ihrem nostalgischen Charme und Duft wieder neu ins Zentrum der Aufmerksamkeit gerückt sind, befasst sich das 1. Kapitel mit den Alten oder Historischen Rosen (S. 24 ff.) und stellt bewährte, zauberhafte, zuverlässige Sorten der wichtigsten Gruppen vor. Einen Überblick dazu finden Sie im Vorspann S. 26/27.

Moderne Rosen: Nach den Alten Rosen begann in der zweiten Hälfte des 19. Jahrhunderts die Ära der Modernen Rosen. Während die Alten Rosen nach ihren verwandtschaftlichen Beziehungen und der Abstammung gruppiert werden, fasst man die Modernen Rosen, mit ihrem oft langen, diffizilen und die verschiedensten Sorten und Gruppen einbeziehenden Stammbaum, nach ihren Wuchsformen und den damit verbundenen Gestaltungsmöglichkeiten zusammen. Den Alten Rosen folgen deshalb moderne Sorten in den Kapiteln Kletterrosen (S. 58 ff.), Strauchrosen (S. 92 ff.), Beet- und Edelrosen (S. 136 ff.), Kleinstrauchrosen (S. 196 ff.) und Miniaturrosen (S. 232 ff.).

Wildrosen: Obwohl sie das genetische Urpotential sind, auf das alle Sorten und Züchtungen letztendlich zurückgehen, werden sie im Garten seltener verwendet. Die meisten blühen nur einmal und kurz mit lieblichen, aber bescheidenen Blüten. Das letzte Kapitel Wildrosen (S. 216 ff.) beschränkt sich deshalb auf eine kleine Auswahl von Rosen und gruppiert sie nach ihren ursprünglichen Herkunftsgebieten.

Als Meister der Wehrhaftigkeit erweist sich die Pracht-Hagebuttenrose (*Rosa sweginzowii* 'Macrocarpa') mit ihren dichten Stacheln in unterschiedlichen Größen vor Efeu.

TIPPS ZU AUSWAHL UND KAUF

Die Angebotsformen von Rosen

Rosen sollten möglichst in der für die jeweilige Pflanzzeit optimalen Angebotsform gekauft werden. **Wurzelnackte Rosen** sind im Frühjahr und im Herbst aus Rosen- und Baumschulen erhältlich. Da alle Rosen grundsätzlich im Herbst dem Boden entnommen werden und dann in Klimakammern ruhen, wachsen sie am besten an bei einer Pflanzung zwischen Mitte Oktober und Mitte November sowie im März und April. Für Pflanzungen im September sind die frisch geernteten Rosen möglicherweise noch zu wenig ausgereift, sodass sie im Winter ein Opfer des Frosts werden können. Bei einer Pflanzung im Mai hingegen erleben die in künstlicher Winterruhe gehaltenen Rosen möglicherweise einen Schock, wenn die Temperaturen schon recht hoch sind. Nach dem Kauf sollten die ungeschützten Pflanzen sofort gepflanzt oder eingeschlagen werden.

Die Beetrose 'Sommerwind'® ist nicht nur eine bezaubernde Dauerblüherin, sondern erhielt auch für ihre Robustheit das ADR-Prädikat.

Vorverpackte Rosen befinden sich in einem Folienbeutel oder einer Kunststoffbox, wo ihre Wurzeln in einem Feuchtigkeit speichernden Material, wie Moos, Substrat usw., eingebettet sind. Die Triebe sind bisweilen gewachst, um die Verdunstung weitgehend zu reduzieren. In dieser Form werden Rosen häufig in Gartencentern und Baumärkten angeboten. Sie haben eine sehr gute Chance anzuwachsen. Vorsicht ist nur geboten, wenn die Pflanzen in der Tüte schon lange, helle Triebe gebildet haben. Die Wachsschicht sollte übrigens nicht entfernt werden, da sie der neue Austrieb leicht durchbricht.

Wurzelballierte Rosen werden mit Substrat in einem zersetzbaren Netz oder Zellulosekarton angeboten, mit dem sie eingepflanzt werden. Man entfernt vor dem Pflanzen lediglich die umgebende Plastikhülle. In diesem Medium ist die Pflanze bereits aktiv und kann auch schon ausgetrieben haben. Da ihre Wurzel ungestört in den Boden kommt, wird

ADR-Rosen

Hilfreich bei der Wahl Moderner Rosen ist das ADR-Prädikat. Sorten, die in der Allgemeinen Deutschen Rosenneuheitenprüfung ausgezeichnet wurden, haben eine Qualitätsprüfung bestanden, die als die strengste der Welt gilt. In elf Prüfungsgärten werden Rosen ohne Pflanzenschutzmittel und Dünger über drei bis vier Jahre auf Kriterien, wie Winterhärte, Blühfreudigkeit, Wuchsform, Belaubung, Duft, vor allem aber auch auf ihre Gesundheit hin getestet. Nur Sorten, die von 100 Punkten mindestens 80 erreichen, wird das ADR-Prädikat zugesprochen. Von mittlerweile 1500 Sorten, die die Prüfung durchlaufen haben, wurden nicht einmal 100 prämiert. Die Liste aller bisherigen ADR-Rosen ist abrufbar unter www.adr-rose.de.

Damit Rosen mit verschwenderischer Pracht und Duft beglücken, sollte man robuste und gesunde Sorten auswählen. Am Obelisken zeigt sich hier die 2,5 m hohe Kletterrose 'Pink Cloud' von ihrer charmantesten Seite.

ihr Wachstumsprozess nicht unterbrochen. In dieser Form können Rosen bis Ende Mai gepflanzt werden.

Containerrosen können das ganze Jahr über – außer bei Frost – gepflanzt werden. Da sie im Topf schon Feinwurzeln ausbilden, ist sogar eine Sommerpflanzung möglich. Im Sommer gekaufte Containerrosen bieten den Vorteil, dass man schon Farbe und Form ihrer Blüten sehen kann. Diese Rosen sollten im Topf kultiviert worden sein und ihn gut durchwurzelt haben. Kurzfristig im Sommer eingetopfte Rosen, die noch keinen Wurzelballen gebildet haben, sind keine echten Containerrosen und rechtfertigen den höheren Preis nicht. Bei Containerrosen lohnt ein kritischer Blick auf Triebe und Laub. Die Triebe sollten frischgrün ohne Flecken und nicht eingeschrumpelt sein. Die Blätter dürfen weder eingerollt sein noch Flecken oder Beläge aufweisen.

Die Güteklassen der Rosen

Der Bund deutscher Baumschulen hat hilfreiche Kriterien herausgegeben, die auch dem Laien als praktische Orientierungshilfe bei der Bestellung oder Auswahl von Rosen dienen können. Buschrosen der Güteklasse A müssen kräftig verzweigte Wurzeln aufweisen und mindestens drei kräftige Triebe entwickelt haben, von denen mindestens zwei aus der Veredelungsstelle entspringen. Der dritte darf bis zu 5 cm darüber hervorgehen.

Buschrosen der Güteklasse B müssen ebenfalls mit gut verzweigten Wurzeln angeboten werden und mindestens zwei aus der Veredelungsstelle entspringende Triebe aufweisen.

Bei Stammrosen sollte man sich vergewissern, dass sie kräftige Triebe besitzen, die mindestens aus zwei Veredelungsstellen entspringen, was einen gleichmäßigen Kronenaufbau gewährleistet. Kronen mit nur einer Veredelungsstelle neigen zu einseitigem Wuchs.

Die großblütigen Rambler 'New Dawn' und 'Alba Meidiland'® rahmen das Fenster mit Blütenvorhängen. So nah am Haus fühlen sich Rosen nur wohl, wenn sie nicht unter dem Dachvorsprung oder im Hitzestau der Mittagssonne stehen.

STANDORTANSPRÜCHE DER ROSEN

Was Rosen brauchen

Auch die gesündeste und robusteste Rose wird an einem schlechten Standort schlecht blühen und kränkeln. Nur an einem Standort, der den Ansprüchen der Rosen entspricht, können sie sich zu voller Pracht entfalten. Unter dem Begriff Standort sind dabei Faktoren zu verstehen wie Klima, Lage, Temperatur, Boden, Licht und Luft. **Licht:** Rosen lieben einen warmen, sonnigen bis halbschattigen Platz. Kaltluft speichernde Senken und schattige Stellen sind zu vermeiden. **Luft:** Rosen mögen luftig und windumspielt stehen. Korridore und Ecken mit Zugluft oder Plätze, an denen sie heftigen Winden ausgesetzt sind, lassen sie kümmern. **Boden:** Er sollte tiefgründig locker sein, damit die langen Pfahlwurzeln nicht unter Staunässe leiden und gut mit Sauerstoff versorgt werden. Am besten gedeihen Rosen in einem humosen, nährstoffreichen Lehmboden, dessen pH-Wert zwischen 6,2 und 7,1 liegt. Sie tolerieren jedoch auch etwas kalkhaltigere und leicht saure Böden. Auf Moorböden, schweren, verdichteten Böden oder auf Sandböden können vielleicht noch einige wenige Wildrosen gedeihen, nicht jedoch Moderne Rosen. Wer Rosen in diese Böden pflanzen möchte, muss Vorsorgemaßnahmen treffen.

So macht man Problem-Böden rosenfit

Staunasse, verdichtete Böden benötigen Drainagen, die das Wasser ableiten. Um die Durchlässigkeit zu erhöhen, sollte das Pflanzloch besonders groß und tief ausgehoben und die Pflanzerde mit Kompost vermengt werden. Sandige Böden sind trocken, humus- und nährstoffarm. Ihre Speicherfähigkeit erhöht sich, wenn man Kompost oder Torf und zusätzlich pro Pflanzloch eine Handvoll Bentonit einarbeitet. Dieses tonhaltige Steinmehl ist reich an Spurenelementen, kann die 2,5-fache Wassermenge seines Eigengewichts speichern und fördert die Humusbildung. Anschließend immer wieder dünn mit Humus mulchen. Moorige Böden sind für Rosen nicht geeignet. Statt über Jahre aufwändige Maßnahmen zur Bodenkorrektur durchzuführen, empfiehlt es sich stattdessen, einen Heide- oder Rhododendron-Garten anzulegen.

Das Phänomen der Bodenmüdigkeit

Wer in ein Beet, in dem zuvor schon Rosen oder Pflanzen aus der Familie der Rosengewächse standen, neue Rosen setzen möchte, macht unweigerlich mit einem unliebsamen Phänomen Bekanntschaft: Die frisch gepflanzten Rosen kümmern dahin, bilden schwache Triebe aus, setzen wenige und kleine Blätter sowie kaum Blüten an. Obwohl Rosen Jahrzehnte auf gleichem Boden gedeihen können, macht sich beim Nachpflanzen Bodenmüdigkeit bemerkbar. Als Ursache vermutet man giftige Wurzelausscheidungen der Vorgänger, eventuell auch eine Ansammlung von Strahlenpilzen und Nematoden (Bodenälchen). Man sollte deshalb nie eine neue Rose in einen schon zuvor mit Rosengewächsen bepflanzten Boden setzen. In Großbritannien nennt man diese Erscheinung replant-disease (Nachpflanz-Krankheit), die vielleicht eine Parallele in unserem Alltag findet: Wer in ein neues Domizil zieht, wird auch erst einmal renovieren und die Spuren des Vorgängers beseitigen. Ähnliches kann man auch auf die Rosen übertragen. Deshalb koffert man bei der Neuanlage eines alten Rosenbeets nach dem Entfernen der alten Wurzelstöcke den Boden des gesamten Beets zwei Spaten tief aus und ersetzt die Erde durch frische, zum Beispiel vom Gemüsebeet, die man mit Kompost vermischt oder mit Rosenpflanzerde aus dem Gartenfachhandel streckt. Die Rosen werden es danken.

Die zarten Blüten von 'New Dawn' bewahren ihren rosa getönten Perlmuttschimmer im Halbschatten besonders lange.

ROSEN RICHTIG PFLANZEN

Bodenvorbereitung

Bei neuen Beeten und Pflanzstellen lohnt es sich, schon einige Tage vor dem Einpflanzen den Boden vorzubereiten. Dazu sollte er abgetrocknet und frostfrei sein. Nach dem Entfernen der Grasnarbe sticht man 50 cm tief um. Schwere Böden lockert man noch etwas tiefer mit der Grabegabel und vermengt dann die Pflanzerde mit Kompost und Sand. In leichte, sandige Böden empfiehlt es sich hingegen, Kompost und Bentonit einzuarbeiten. Beim Zurückschaufeln ins Pflanzloch wird die Pflanzerde gründlich nach Wurzelunkräutern durchsucht. Diese sollten unbedingt entfernt werden, da sie später im Rosenbeet sehr stören.

Die Kleinstrauchrose 'Ballerina' ergibt in Pflanzkombination mit Lavendel malerische Einfassungen von bis zu 1 m Höhe.

Wurzelnackte Buschrosen einpflanzen

Können die Rosen nicht gleich eingepflanzt werden, weil es regnet, der Boden gefroren ist oder man keine Zeit hat, werden sie liegend bis 10 cm hoch in Erde eingeschlagen, damit Wurzeln und Triebe nicht austrocknen. Um die Feuchtigkeit zu erhöhen, Wasser darüber gießen. Vor dem Einpflanzen wird die Rose mindestens fünf Stunden völlig untergetaucht gewässert. In dieser Zeit kann das Pflanzloch ausgehoben werden. Bei vorbereitetem Boden genügt eine Grube von 30 x 30 cm, ansonsten sollte das Pflanzloch 50 x 50 cm ausgehoben werden, zum Beispiel beim Einpflanzen der Rose als Solitär in eine Wiese. Bevor sie eingesetzt wird, sind Wurzel- und Pflanzschnitt angesagt. Dabei beschädigte und faule Wurzeln bis in gesunde Bereiche zurückschneiden und überlange Wurzeln auf gleiches Niveau mit den anderen bringen. Dabei sollte man die Feinwurzeln der Rose nicht verletzen oder entfernen,

Pflanzt man eine prächtige Kaskadenrose wie 'Raubritter' wurzelnackt, schlägt man zuvor den Stützpfahl ein. Pflanzt man sie im Container, ersetzt man erst danach die vorhandene Stütze durch einen Pfahl.

denn durch sie nimmt sie die Nährstoffe auf. Auch die Triebe werden eingekürzt, bei Kletter- und Strauchrosen bis auf 40 cm, bei Beet- und Edelrosen auf 15 cm. Nun die Rose so einsetzen, dass die Veredelungsstelle 5 cm unter die Bodenoberfläche kommt und die Wurzeln senkrecht stehen. Ringsum mit einer Erde-Kompost-Mischung auffüllen und durch leichtes Rütteln der Rose eventuelle Hohlräume füllen. Dann die Pflanzerde sorgfältig um die Rose antreten, sodass ein Gießrand entsteht, und die Pflanzstelle reichlich wässern. Abschließend die Triebe 20 cm hoch zum Schutz gegen Verdunstung anhäufeln. Bei einer Herbstpflanzung bleibt die Anhäufelung über den ganzen Winter als Schutz. Bei einer Frühjahrspflanzung kann abgehäufelt werden, wenn an den Trieben das neue, junge Laub austreibt.

Ramblerrosen an Bäume pflanzen

Statt alte Bäume im Garten zu fällen, kann man sie als wunderbares natürliches Gerüst für Kletterrosen nutzen. Am besten eignen sich dafür überalterte Apfel- und Birnenbäume, aber auch alte Thujen und tiefwurzelnde Koniferen, wie Lärchen und Kiefern, können berankt werden. Dies kann auf zweierlei Weise geschehen.

Pflanzung am Stamm: Etwa 60 cm vom Stamm entfernt gräbt man mit dem Bickel ein Pflanzloch von 60 x 60 x 60 cm und vermengt den Aushub reichlich mit Kompost. In das Pflanzloch wird dann ein bodenloser Eimer eingesetzt, in den man die Rosenwurzeln einpflanzt. Dies schützt sie vor dem Wurzeldruck des Baums und der Konkurrenz um Wasser und Nährstoffe. Sobald die Rose eingewachsen ist und austreibt, bindet man ihre Triebe am Stamm fest und leitet sie dann ins Geäst hinein.

Pflanzung auf Distanz: Bei stark schattierenden Bäumen mit sehr dichtem Laub pflanzt man die Rose außerhalb der Kronentraufe. Ihre Triebe werden schräg über eine alte Leiter in den Baum gelenkt und dann an diesem befestigt.

ROSENPFLEGE ÜBERS JAHR

Maßnahmen im Frühling

Februar: Rosen in exponierter Lage vor Wintersonne mit Reisig oder Schilfmatten schützen. Pflanzpläne entwerfen, Rosenkataloge studieren. **März:** Sobald der Boden frostfrei ist, können neue Rosen gepflanzt werden. Um die Mitte des Monats Reisigschutz und Abdeckungen von Kletterrosen entfernen. Ende März abhäufeln und die Erde um die Rosen verteilen. Den Boden lockern und Unkraut entfernen. Bei frostfreiem Wetter Rosendünger in den Boden einarbeiten. **April:** Erneut den Boden lockern und Unkraut entfernen. Hauptschnitt der Rosen durchführen. Anschließend können die Rosen mit speziellem Rosenmulch gemulcht werden.

Maßnahmen im Früh- und Hochsommer

Mai: Nicht gemulchte Rosenbeete erneut lockern. Die austreibenden Rosen regelmäßig auf Schädlinge und Krankheiten kontrollieren. Befallene Teile abschneiden und vernichten. Für Pilzkrankheiten anfällige Sorten vorbeugend mit einem Fungizid spritzen. Wildtriebe am Ansatz entfernen. Heranwachsende Triebe von Kletterrosen am Klettergerüst anbinden. Wer nur organischen Langzeitdünger verabreicht, sollte ihn jetzt ausbringen. **Juni:** Bevor sich die ersten Blüten öffnen, die Rosen nochmals düngen. Bei anhaltender Trockenheit wässern. Die langen Triebe der Kletterrosen weiterhin festbinden. Wuchernde Stauden, wie Frauenmantel (*Alchemilla*), Storchschnabel (*Geranium*) usw., in Zaum halten, damit sie die Rosen nicht zu dicht bedrängen. Rosen regelmäßig auf Schädlinge und Krankheiten kontrollieren. Befallenes Laub entfernen, notfalls spritzen. **Juli:** Abgeblühtes von öfterblühenden Rosen regelmäßig abschneiden. Die richtige Schnittstelle befindet sich knapp über dem ersten darunterstehenden, voll ausgebildeten Blatt. Sollen Rosen hingegen Hagebutten ansetzen, dürfen die abgeblühten Blüten nicht abgeschnitten werden. Ab Mitte Juli keinen stickstoffhaltigen Dünger mehr zuführen, damit die Triebe ausreifen und winterhart werden. Bei Trockenheit gießen. Rosen regelmäßig auf Schädlinge und Krankheiten kontrollieren. Befallenes Laub entfernen, notfalls spritzen.

Bei der Beetrose '(Mevrouw) Nathalie Nypels' hellen die rosa Blüten weißlich auf.

Einladend öffnet sich im Juni/Juli zur Rosenblüte so manche Gartenpforte. Hier wird man von den Kletterrosen 'Paul Transon', 'Chaplin's Pink Climber' und 'New Dawn' (von links nach rechts) am Tor empfangen.

Maßnahmen im Spätsommer und Herbst

August: Sommerschnitt bei einmalblühenden Kletterrosen vornehmen (S. 157). Bei Trockenheit gießen. Jetzt tritt häufig Sternrußtau auf. Befallene Blätter auch vom Boden entfernen. Notfalls spritzen. Bei öfterblühenden Rosen laufend Verblühtes entfernen. **September:** Hacken und Unkraut entfernen. Anfang des Monats öfterblühenden Rosen Patentkali (40 g pro qm) geben. Dies festigt das Holz und macht es winterhart. Wuchernde Pflanzen-Nachbarn in Zaum halten. **Oktober:** Beginn der Pflanzzeit. Rosen können jetzt umgesetzt werden. Hagebutten ernten.

Maßnahmen im Winter

Bei Climbern und Ramblern an frei stehenden Rankgerüsten und in exponierten Lagen sollten die Triebe vor Wind, Sonne und Frost geschützt werden. Dazu alles Laub von den Trieben und vom Boden entfernen. Den Fuß 30 cm hoch anhäufeln und die Triebe mit Sackleinen, Bambus-, Schilf- oder Strohmatten umwickeln. **November:** Neupflanzungen können fortgesetzt werden. Ende des Monats Strauchrosen leicht einkürzen, um Schneebruch zu verhindern; Blätter vom Boden entfernen. Blätter von Beet- und Edelrosen entfernen, dann anhäufeln; Hochstämmchen um ein Drittel einkürzen. **Dezember:** Kletterrosen an Bögen etc. mit Reisig oder Bambusmatten schützen. Öfterblühende Strauchrosen anhäufeln; Beet- und Edelrosen mit Reisig abdecken. Rosen im Kübel in die Garage bringen oder an einem geschützten Platz auf eine dicke Styroporplatte stellen und mit Sackleinen oder Noppenfolie einwickeln. An frostfreien Tagen gießen. Bei Hochstämmchen Krone und Veredelungsstelle mit Reisig und Jutesack schützen. **Januar:** Bei starkem Schneefall Strauchrosen locker zusammenbinden, um Schneebruch zu vermeiden.

So reizvoll das Miteinander von Kletterrosen wie 'Pink Cloud' und Clematis wie 'Hagley Hybrid' ist – wenn sie zu dichtbuschig verwachsen, können Rosen leicht von Pilzen befallen werden.

ROSEN-KRANKHEITEN

Blätter als Angriffsfläche

Die häufigsten Rosenkrankheiten sind Pilzerkrankungen, die nicht immer auf einen schlechten Standort, eine falsche Pflege oder Sortenanfälligkeit zurückgehen. Eine große Rolle spielt dabei auch das Wetter. Sie befallen primär die Blätter, die als pflanzliche Atmungs- und Verdauungsorgane über das Gedeihen und Verderben der Rosen bestimmen. Erkrankungen der Blätter können deshalb je nach Befall zu einem Wachstumsstau oder gar zum Absterben einer Pflanze führen. Eine der hartnäckigsten und heimtückischsten Blattkrankheiten ist der Sternrußtau.

Sternrußtau

Schadbild: Tritt meist im Spätsommer und Herbst auf, in regenreichen Sommern auch schon im Juni; violett- bis schwarzbraune Flecken mit sternförmig gezackten Rändern auf den Blättern. Beginnt meist in Bodennähe. Laub vergilbt und fällt ab, was bis zur völligen Entlaubung führen kann.

Ursache: Infektion über Blätter und Boden bei nasskaltem Wetter.

Vorbeugung: Anfällige Sorten ab Frühjahr mit einem Rosen-Stärkungsmittel spritzen. Auf luftigen Stand und ausreichende Kaliversorgung (Patentkali) achten.

Abhilfe: Befallenes Laub von der Pflanze und vom Boden entfernen. Mit handelsüblichen Fungiziden im Abstand von 10 bis 14 Tagen spritzen.

Die duftende Ramblerrose 'May Queen' liebt einen luftigen Platz an einer Pergola oder in Bäumen. An einer Hauswand kann sie kränkeln.

Echter Mehltau

Schadbild: Schönwetterpilz, der bei Temperaturen über 20 °C und hoher Luftfeuchte schon im Juni auftritt. Weißer, mehliger, abwischbarer Belag auf jungen Pflanzenteilen wie Triebspitzen, Knospen, Kelchblättern, Blattoberseiten. Später kräuseln sich die Blätter, laufen rötlich an, fallen aber nicht ab. Holz reift nicht aus, Rose wird frostempfindlich. **Ursache:** Feucht-warmes Wetter, zu wenig Luftbewegung, einseitige Düngung. **Vorbeugung:** Stickstoffüberdüngung vermeiden; luftigen Standort wählen; im Herbst befallene Triebe bis in gesunde Teile zurückschneiden. **Abhilfe:** Befallenes Laub entfernen. Mit einem handelsüblichen Fungizid spritzen.

Falscher Mehltau

Schadbild: Weißer Belag auf den Blattunterseiten. Auf den Blattoberseiten dunkle Flecken; befallene Blätter welken und fallen ab; befällt im Unterschied zum Sternrußtau die Pflanze von oben nach unten. **Ursache:** Starke Temperaturunterschiede im Spätsommer und Herbst, bei denen sich Tau auf den Blättern niederschlägt, bieten dem Pilz ideale Bedingungen, vor allem in windgeschützten Lagen. **Vorbeugung:** Sonniger, luftiger, nicht zu enger Stand, damit Rosen gut abtrocknen können. **Abhilfe:** Triebe und befallenes Laub entfernen. Mit einem handelsüblichen Fungizid spritzen.

Rosenrost

Schadbild: Schon im Frühsommer stecknadelgroße, orangefarbene Sporenlager auf den Blattunterseiten; an der Oberseite gelbliche, kleine Blattflecken. Im Herbst schwarze Pusteln blattunterseits. In der Folge Blattfall und Schwächung der Pflanze. **Ursache:** Infektion bei warmem Wetter, auch bei Trockenheit; meist sortenbedingt. **Vorbeugung:** Ausreichende Kaliversorgung, luftiger Standort; Boden lockern. **Abhilfe:** Befallene Pflanzenteile entfernen. Mit Rostbekämpfungsmitteln spritzen; auch die Blattunterseiten und die Nachbarpflanzen spritzen. Wirkstoffe abwechseln.

Schutz durch Begleitpflanzen

Einen kleinen Beitrag zur Vorbeugung leisten Rosen-Begleiter, die Schädlinge und Pilzkrankheiten abwehren. Dazu zählen zum Beispiel Knoblauch, Zierlauch, Zwiebeln, Schnittlauch, Salbei (*Salvia officinalis*), Lavendel (*Lavandula angustifolia*), Tagetes (*Tagetes*), Wermut, Edelrauten (*Artemisia*) und Ringelblumen (*Calendula officinalis*).

ROSEN-SCHÄDLINGE

Rosenblattlaus
Schadbild: Grüne Läuse saugen an Triebspitzen, Knospen und Blättern. Blätter und Blüten verkrüppeln, Läuse können Viren übertragen; schwarze Rußtaupilze an den klebrigen Ausscheidungen. **Ursache:** Starke Stickstoff-Überdüngung, heiße, trockene Lagen begünstigen den Befall. **Abhilfe:** Mit Spiritus-Schmierseifen-Lösung spritzen; oft reduziert heftiger Regen die Läuse. Nur im Notfall mit handelsüblichen Präparaten spritzen.

Rote Spinne (Spinnmilben)
Schadbild: Bei trocken-heißem Wetter ab Mai oft massenhafter Befall; gefährdet sind vor allem Kletterrosen vor Südwänden; nur mit der Lupe erkennbare, orangerote Milben, die blattunterseits saugen. Blattoberseiten verfärben sich braungelb, Laub fällt ab. **Ursache:** Wärme, Trockenheit. **Abhilfe:** Mit Akariziden spritzen; Raubmilben einsetzen.

Rosenblattrollwespe
Schadbild: Rosenblätter sind wie Zigarren gewickelt. **Ursache:** In den Blattrollen ruhen die Eier der Rosenblattrollwespe; sie werden ab Juli von den Larven verlassen, die sich im Boden verpuppen. **Abhilfe:** Regelmäßig die befallenen Blätter entfernen. Spritzen ist nicht nötig.

Die apricotrosa Blüten der Englischen Rose 'Cressida' duften betörend.

Rosen und Lavendel sind nicht nur optisch ein Traumpaar, wie hier die Englische Rose 'Mary Rose'® mit der Lavendel-Sorte 'Munstead' beweist. Lavendel hält zudem mit seinen Aromastoffen Blattläuse von den Rosen fern.

Rosenzikaden
Schadbild: Mosaikartige, weißfleckige, feine Sprenkel auf der Blattoberseite; blattunterseits grünliche, hüpfende, schlanke Zikaden, die entlang der Blattrippen saugen. **Ursache:** Häufig an Kletterrosen vor warmen Wänden und an anderen trocken-heißen Standorten. **Abhilfe:** Spritzen – auch blattunterseits – mit handelsüblichen Insektiziden.

Thripse
Schadbild: Verkrüppelte Blüten, silbrige Flecken auf Blättern und Blütenblättern; beim Ausklopfen der Blüte winzige, springende, längliche Insekten. **Ursache:** Ab Juni trocken-heißes Wetter. **Abhilfe:** Stark befallene Knospen und Blüten abschneiden. Mit handelsüblichen Insektiziden spritzen.

Triebbohrer
Schadbild: Einzelne Triebspitzen welken. **Ursache:** Larven des Triebbohrers fressen sich ins Mark der Triebe. Der abwärtsbohrende Triebbohrer legt das Ei in die Triebspitze, seine Larve bohrt sich von oben in den Trieb und frisst nach unten weiter. Der aufwärtsbohrende Triebbohrer legt das Ei an einem Blattstiel ab. Von dort frisst sich die Larve in den Trieb und wandert aufwärts. **Abhilfe:** Befallene Triebe genau untersuchen und bis ins gesunde Holz zurückschneiden. Larven töten. Spritzen ist nicht nötig.

Rosenblattwespe
Schadbild: Schabefraß auf den Blättern, sodass nur transparente, pergamentartige Stellen übrig bleiben. **Ursache:** Die grünen Larven der Rosenblattwespe nagen die chlorophyllhaltigen Blattschichten weg. **Abhilfe:** Befallene Blätter mit den Raupen vernichten.

ALTE ROSEN

ALTE ROSEN

Was sind eigentlich Alte Rosen?

Als Alte oder Historische Rosen bezeichnet man die gartenwürdigen Rosen, die vor den ersten Teehybriden durch Zufall, Mutation oder züchterische Absicht entstanden sind. Man fasst sie in Gruppen gleicher genetischer Abstammung und Verwandtschaft zusammen. Eine typische Zuordnung vom Aussehen her ist nur bei einigen Eigenschaften und Rosen möglich. Was allen Alten Rosen gemeinsam ist, sind die sanften, seidigen bis samtigen Farben, die laute und grelle Töne meiden, ihre meist dichtgefüllten nostalgischen Blütenformen und ihr berauschender Duft. Zarte Rosatöne überwiegen, es gibt aber auch Weiß, Weinrot und dunkles Purpur. Reines Gelb und Scharlachrot fehlen ebenso wie die Fähigkeit der Modernen Rosen zur Dauerblüte. Aufgrund dieser typischen Merkmale tendiert man heute dazu, die Bezeichnung „Alte Rosen" auch als Stilmerkmal zu verstehen.

Bis vor 1750 lässt sich die Kultur der köstlich duftenden Damaszenerrose 'Celsiana' nachweisen, die sich auch gut für Hecken eignet.

Bis ins 18. Jahrhundert hinein gab es in Europa fast nur einmalblühende Rosen, wie die Wildrosen und die damals bereits existierenden Alten Gartenrosen: die Alba-, Gallica-, Damaszener-, Zentifolien- und Moosrosen. Sie sind anspruchslos, gesund, besonders winterhart und gedeihen sogar im Halbschatten gut.

Ab 1750 begann das Einkreuzen importierter Chinarosen, wodurch die remontierenden, also im Herbst nachblühenden Gruppen der Noisette-, Portland-, Bourbon- und Remontant-Rosen entstanden, die in der Regel weniger winterhart und anfälliger für Laubkrankheiten sind.

Seite 24/25

Sorten, die die besten Eigenschaften in sich vereinen, wie gesundes Laub, schönen Wuchs und herrliche Blüten, die duften, reich und öfter erscheinen, gibt es auch unter den Alten Rosen. Neben 'Jacques Cartier' (im Bild umseitig und S. 34) zählen auch 'Rose de Resht' (S. 33), 'Stanwell Perpetual' (S. 38), 'Mme Isaac Pereire' (S. 52) und 'Souvenir de la Malmaison' (S. 52) dazu.

Abfallende Blütenblätter

So romantisch und vollkommen dichtgefüllte Blüten erscheinen, wenn sie verblühen, ist sorgsame Pflege nötig. Denn bleiben die abfallenden Kronblätter auf den unteren Laubblättern liegen, kann es – vor allem bei Regen – schnell zu einem Befall mit Grauschimmel kommen. Deshalb regelmäßig Verblühtes vom Laub absammeln!

Schnitt der einmalblühenden Alten Rosen

Bei den einmalblühenden Gruppen kann jeglicher Formschnitt unterbleiben, wenn so viel Platz zur Verfügung steht, dass sich die Rosen reichblühend

Zwischen abgeflachten Eibenkegeln tummeln sich Damaszenerrosen wie '*Celsiana*' (vorn) und '*Trigintipetala*' (hinten) zusammen mit Kugeldisteln (*Echinops ritro*, hinten) und Weißem Fingerhut (*Digitalis purpurea* '*Alba*').

an bogig überhängenden Zweigen in ihrem natürlichen Wuchs ausbreiten dürfen. Allerdings sollten alle zwei bis drei Jahre Ende März an der Basis überalterte Triebe ausgelichtet werden.

Sorten, die dazu neigen auseinanderzufallen oder solche, die einfach nur ein gefälliges Bild im Garten abgeben sollen, erhalten kurz vor Blühbeginn Ende Mai/Anfang Juni einen mäßigen Formschnitt. Zu diesem Zeitpunkt haben die Sträucher zweierlei Arten von Trieben gebildet: knospentragende und vegetative. Letztere beeinträchtigen die geschlossene Form der Rose und können die Blüten überdecken. Man kürzt deshalb diese Triebe bis knapp unterhalb des Levels der Blüten ein. Die Rose erhält dadurch nicht nur ihren kompakten, schönen Wuchs zurück, sondern kann auch noch mehr Energie den Blüten zukommen lassen.

Sollen sich die Rosen kompakt in Kombinationen mit Stauden einfügen, schneidet man alle Triebe auf 30 bis 60 cm Höhe zurück und lichtet zugleich aus. Dies reduziert allerdings die Blüten, die dann nicht mehr an bogigen Trieben überhängen, sondern über dem Laub stehen.

Schnitt der öfterblühenden Alten Rosen

China-, Portland-, Bourbon- und Remontant-Rosen sollten vom ersten Standjahr an stark zurückgeschnitten werden, damit sie sich gut verzweigen. Am besten hält man sie an den Seiten niedrig und zur Mitte hin höher, um eine kahle Basis zu vermeiden. Bei Portland-Rosen kürzt man gut die Hälfte des Zuwachses ein. Bei starkwüchsigen Bourbon- und Remontant-Rosen, die keine Kletterrosen sind, schneidet man den Zuwachs bis auf 15 cm zurück. Die eher schwachwüchsigen Chinarosen kürzt man gar auf die Hälfte des Vorjahres ein.

‘FÉLICITÉ PARMENTIER’

ALBA-ROSE

Blüte einmalblühend; sehr dichtgefüllt; im Zentrum muschelrosa, zum Rand hin aufhellend; ø ca. 8 cm; herrlicher Duft

Wuchs 1–1,5 m hoch; buschig, überhängend; kompakte, geschlossene Form

Besonderheit robuste Einsteiger-Rose; sehr winterhart; toleriert Halbschatten und weniger gute Böden

Gestaltung für Beete, an Zaun und Gehölzrand und als Hecke geeignet

Züchter Parmentier um 1836, Frankreich

Keiner kennt die Herkunft dieser zarten Schönheit, die um 1836 in das Licht der Öffentlichkeit tritt und seitdem mit ihren reich erscheinenden, köstlich duftenden Blüten bezaubert. Sie öffnen sich im Juni aus gelblichen, runden Knospen, die in großen Büscheln über dem Laub stehen. Die anfangs kugelige Schalenform der zart rosafarbenen Blüten geht später in eine edle flache, fast rahmweiße Rosette über. Dabei stehen die inneren Kronblätter eng gefältelt und geben ein sogenanntes „grünes Auge“ in der Mitte frei. Es handelt sich dabei um zusammengewachsene Griffel, eine sortentypische Eigenschaft bei etlichen Alten Rosen. Die lange Blüte ist oft so üppig, dass die Triebe überhängen und gestützt werden müssen.

'MME PLANTIER'

Synonym: 'Madame Plantier' / ALBA-ROSE

„Ich betrachte sie gern im Mondschein: Sie leuchtet am alten Apfelbaum wie ein birnenförmiges Gespenst“, schreibt Vita Sackville-West über 'Madame Plantier', die in ihrem Garten beim Hineinranken in einen Apfelbaum einen Umfang von über 14 m erreichte. An den kaum bestachelten Trieben öffnen sich aus spitzen, rosarot überhauchten Knospen von Juni bis Juli die anfangs rahmweißen, später reinweißen Blüten, die in großen Büscheln am Ende der langen Triebe erscheinen. Als Strauch baut sich die Rose mit ihren überhängenden Trieben locker auf und erhält am besten eine formgebende Stütze; auch als Kletterrose muss sie gut festgebunden werden. Der lockere, langtriebige Wuchs lässt vermuten, dass sie keine reine Alba-Rose ist.

BLÜTE einmalblühend; dichtgefüllt, reizvoll unregelmäßig, ø 8 cm; rahmweiß, leichter Duft
WUCHS 2,5 m hoch und breit; über 5 m als Kletterrose
BESONDERHEIT winterharte Einsteiger-Rose für Halbschatten und Nordseiten
GESTALTUNG als Kletterrose schön an Obelisken, Pfeilern, Bögen, Lauben und in Bäumen; als Strauch geeignet für große Gärten und in Wassernähe
ZÜCHTER Plantier 1835

▶ Ein anderer, schon im Mittelalter geliebter Gartenschatz in Weiß ist die Alba-Rose 'Semiplena'. Der mächtige, bis 2 m hohe Strauch blüht einmal, aber überreich mit duftenden, halbgefüllten Blüten, denen große, rote Hagebutten folgen.

‘KÖNIGIN VON DÄNEMARK’

ALBA-ROSE / Synonyme: ‘Queen of Denmark’, ‘Reine de Danemark’, ‘Naissance de Venus’

Blüte einmalblühend, sehr dichtgefüllt, geviertelt mit grünem Auge; flach, ø 6 cm; warmes Rosa, berauschender Duft
Wuchs 1,5 m hoch, aufrecht kompakt
Besonderheit robuste Einsteiger-Rose; sehr winterhart; gedeiht auch im Halbschatten
Gestaltung wunderschön im Hintergrund von Blumenbeeten und in gemischten Rabatten
Züchter Booth 1816, Deutschland, seit 1826 im Handel

Vielen gilt sie als die Schönste aller Alba-Rosen. ‘Königin von Dänemark’ erblühte 1816 in der Flottbeker Baumschule des gebürtigen Schotten James Booth als Sämling von ‘Maiden’s Blush’. Als er sie erstmals in seinem Katalog von 1826 anbot, widmete er sie Marie Sophie Friederike, der Gemahlin Friedrichs VI von Dänemark, einer gebürtigen Prinzessin von Hessen-Kassel. Allzu verwunderlich ist dies nicht, gehörte Flottbek doch seinerzeit zu Holstein, das wiederum Dänemark in Personalunion verbunden war. Bis heute ist die Rose ein erklärter Liebling der Gartenbesitzer. Ihre Blüten stehen anmutig und gut sichtbar über dem Strauch, entfalten sich auch bei Regen zu perfekter Form und selbst nach der Blüte ist der Strauch mit seinem dekorativen Laub ein Schmuckstück.

'GREAT MAIDEN'S BLUSH'

Synonyme: 'Cuisse de Nymphe', 'Incarnata', 'La Virginale', 'La Séduisante'/ ALBA-ROSE

Die oft auf flämischen Gemälden abgebildete Rose zählt nicht nur zu den ältesten Europas, sie gilt auch, wie ihre internationalen Namen verraten, als eine der lieblichsten und verführerischsten. Im Juni öffnen sich ihre prallen, cremerosa Knospen am Ende der Triebe zu einem reichen büschelblütigen Flor, unter dessen Gewicht sich die Zweige weit herabneigen. Seit 1797 ist auch eine zierlichere Variante im Handel: 'Small Maiden's Blush' oder 'Maiden's Blush, Small', die in Wuchs und Blütengröße zierlicher als die große Schwester ist. Sie wird nur 1,2 m hoch und lässt sich auch in großen Gefäßen kultivieren.
Der Schwäche der zarten Blüten, bei längerem Regen leicht zu verfaulen, kann man vorbeugen, indem man die Rose im April einmal mit flüssigem Patentkali (50 g pro qm) gießt.

▶ Himmlisch, wie ihr Synonym 'Céleste' andeutet, sind auch die lockergefüllten, rosa Blüten von 'Celestial'. Sie erscheinen im Juni/Juli am 1,8 m hohen Strauch, der schon im 18. Jahrhundert wegen seiner Schönheit und seines Dufts gerühmt wurde.

Blüte einmalblühend; gefüllt, blassrosa, am Rand gelblich aufhellend, später fast weiß; ø 8 cm, starker Wildrosenduft

Wuchs Höhe bis 2 m, starkwüchsig, überhängend

Besonderheit Einsteiger-Rose, sehr winterhart; für den Halbschatten geeignet

Gestaltung als Solitär im Bauerngarten, als Hintergrund in Beet und Rabatte, als Hecke, am Gehölzrand und als Kletterrose

Züchter im 15. Jahrhundert oder früher, Europa

'MME HARDY'

DAMASZENERROSE / Synonym: 'Madame Hardy'

Blüte einmalblühend; sehr dichtgefüllt, mit grünem „Auge" in der Mitte; ø 7 cm; strahlend reinweiß; muskatartiger Duft
Wuchs 1,5 m hoch; kräftig; aufrecht, überhängend
Besonderheit robuste Einsteiger-Rose; sehr winterhart; geeignet für Halbschatten, toleriert magere Böden
Gestaltung am Zaun, für Beete, Hecken, auch als Kletterrose; leuchtet im Halbschatten
Züchter Hardy 1832, Frankreich

'Madame Hardy' verdient es, zu den Klassikern unter den Alten Rosen zu zählen. Sie ist eine ausdrucksstarke Spitzensorte von erstaunlicher Anpassungsfähigkeit, die sowohl in elegante Stadtgärten, in verwunschene romantische Gärten, in weiße Gartenteile oder in bunte Bauerngärten passt. Auffallend sind bereits die langen, zipfeligen Kelchblätter, die die Knospen weit überragen, später dann das hornförmige „grüne Auge" inmitten ihrer gleichmäßig geformten, weißen Blüten. Es entsteht durch Zusammenwachsen der Griffel und hebt sich von den weißen, flachen Blüten besonders kontrastreich ab. Der Blütenrausch setzt im Juni ein und hält an die sechs Wochen vor, da sich die Blüten in großen Büscheln nach und nach auch an den zahlreichen Seitentrieben entfalten.

◀ Im Unterschied zu 'Mme Hardy' zählt 'Miranda' zur Gruppe der zweimalblühenden Damaszenerrosen. Wie für die Ballsaison geschaffen wirken ihre großen, duftenden Blüten, die sich nach und nach weit und flach öffnen.

'ROSE DE RESHT'

Synonym: *Rosa* 'De Resht' / PORTLAND-ROSE (wird manchmal Damaszenerrosen zugeordnet)

'Rose de Resht' ist ein bildschönes Findelkind von unsicherer Herkunft. Im Juni entfaltet sie aus festen, runden Knospen ihre zierlichen, rosettenförmigen Blüten, die meist in kleinen Büscheln an kurzen Stielen direkt über dem Laub stehen und einen betörenden, vollen Duft verbreiten. Vor dem Verblühen verblasst der leuchtende Farbton in ein müdes Magentarosa. Junge, bis etwa 5 Jahre alte Sträucher bringen danach bis zum Herbst immer wieder neue Blüten hervor. Bei älteren Schönheiten lässt die Blühkraft nach, sodass sie kaum mehr remontieren. Um die Blühfreudigkeit zu erhalten, empfiehlt es sich, solche Rosen im Frühjahr stark zurückzuschneiden.

Blüte öfterblühend; sehr dichtgefüllt, pomponförmig; ø 5 cm; leuchtend karmesinrot mit goldgelben Staubgefäßen; starker exotischer Duft

Wuchs 0,8–1 m hoch; kräftig; aufrecht, kompakt

Besonderheit ideale Einsteiger-Rose; sehr winterhart; gut geeignet für Halbschatten, toleriert weniger gute Böden

Gestaltung für Beet, Rabatte, in Terrassennähe, neben Wegen, als Hecke, ideal für kleine Gärten; auch als Stammrose und in Gefäßen

Züchter 1950 in der Nähe der Stadt Resht (Iran) von der Engländerin Nancy Lindsay entdeckt

'JACQUES CARTIER'

PORTLAND-ROSE / Synonym: 'Marchesa Boccella'

BLÜTE öfterblühend; sehr dichtgefüllt, geviertelt und großblumig; ø 9 cm; rosa, zum Rand hin blasser; intensiver Duft

WUCHS 1–1,2 m hoch; überhängend; durch Rückschnitt kompakt aufrecht

BESONDERHEIT robuste Einsteiger-Rose; gut winterhart; toleriert Halbschatten und weniger gute Böden

GESTALTUNG ideal für Stadtgärten, Beete, Hecken; Gefäßkultur möglich

ZÜCHTER Moreau-Robert 1868, Frankreich

Dass Portland-Rosen eng mit den Damaszenerrosen verwandt sind, beweist der „Damaszener-Knopf" der Blüten von 'Jacques Cartier'. Dabei rollen sich die innersten Kronblätter der starkgefüllten Blüten rundum nach innen ein. Aber auch mit anderen positiven Eigenschaften kann 'Jacques Cartier' überzeugen: Sie ist wenig anfällig für Pilzkrankheiten und blüht zweimal im Jahr. Im Juni entfalten sich ihre Blüten erstmalig in dichten Büscheln aus prallen, roten Knospen, um dann gegen Ende August zu einer zweiten, schwächeren Blüte anzusetzen. Kennzeichnend für Portland-Rosen ist ferner, dass die Blüten auf kurzen Stielen direkt über dem dichten Laub sitzen. Wer übrigens einen kompakten, aufrechten Strauch wünscht, kürzt im Frühjahr die Triebe einfach um ein Drittel ein.

◄ 'Portland', die auch 'Duchesse of Portland' genannt wird, ist die Urmutter aller Portland-Rosen und besitzt die Eigenschaft, im Herbst nachzublühen. Der nur 90 cm hohe, hellrot blühende Strauch entstand um 1790 in Italien.

'MME BOLL'

Synonym: 'Madame Boll' / PORTLAND-ROSE

'Madame Boll', die häufig unter dem (falschen) Namen 'Comte de Chambord' angeboten wird, kann auf eine lange Erfolgsstory zurückblicken und ist zweifellos die beste Portland-Rose. Ihre Blüten sitzen dicht über dem Laub und erscheinen von Juni bis Juli in reicher Pracht. Anschließend blühen sie meist ab Ende August erneut bis zum Frost. Das einzige Problem, das der pflegeleichte Zierstrauch bereitet, sind verklebte, sich nicht entfaltende Blüten, wenn es in der Zeit der Knospenöffnung viel regnet. Hier kann der Rosenliebhaber jedoch leicht Abhilfe schaffen, indem er die äußeren verklebten Kronblätter entfernt. Unterbleibt diese „Geburtshilfe", verfaulen die Blüten ungeöffnet am Strauch und es kommt zur sogenannten Mumienbildung.

Blüte öfterblühend; sehr dichtgefüllt, geviertelt und flach; ø 8 cm; kräftig rosa, zum Rand hin aufhellend; muskatartiger, intensiver Duft

Wuchs 1,2 m hoch; kräftig; aufrecht, kompakt

Besonderheit robuste Einsteiger-Rose; sehr winterhart; gut geeignet für Halbschatten, toleriert weniger gute Böden

Gestaltung für Beete, Rabatten, Hecken, auch für Kübelkultur

Züchter gezüchtet 1843 von Daniel Boll in den USA, seit 1859 durch Boyau als 'Madame Boll' im europäischen Handel

'CHARLES DE MILLS'

GALLICA-ROSE / Synonyme: 'Bizarre Triomphant', 'Rose Ardoisée', 'Violette Bronzée'

Blüte einmalblühend; sehr dichtgefüllt, flach; dunkles Purpurrot; groß, ø 10 cm; starke eigene Duftnote
Wuchs 1,5 m hoch; kräftig; aufrecht und fast ebenso breit wie hoch
Besonderheit robuste Einsteiger-Rose; sehr winterhart; geeignet für Halbschatten, benötigt aber guten Boden
Gestaltung für elegante und romantische Gärten ebenso wie für Bauerngärten geeignet; für Beete, am Gehölzrand und als Hecke
Züchter vor 1811, Herkunft unbekannt

'Charles de Mills' erblüht in langstieligen Büscheln über dem Laub und zeichnet sich neben seiner berauschenden Farbe auch durch die geschlossenen, runden Konturen seiner dichtgefüllten dunkelkarminroten Blüten aus, die in der Mitte oft geviertelt sind. Malerische Gartenbilder entstehen in Verbindung mit violetten Blüten, wie von Zierlauch (*Allium*) oder Bartfaden (*Penstemon*), mit blauen Begleitern sowie mit silbernen oder grauen Laubtönen. Im Spätsommer neigt die Sorte, wie viele dunkle Gallica-Hybriden, zu Mehltau. Am besten befallene Triebspitzen abschneiden und mit einem Fungizid spritzen. Vor dem Winter alle Blätter vom Boden entfernen, da der Pilz in ihnen überwintert. Insgesamt kann er der robusten Rose jedoch nicht wesentlich schaden.

'CARDINAL DE RICHELIEU'

Synonyme: 'Rose Van Sian', 'Rose cyaan' / GALLICA-ROSE

'Cardinal de Richelieu' ist eine der dunkelsten Rosen, deren Blüten sich im Juni in dunklem Violettrot mit hellerem Petalengrund öffnen. Die anfangs schalenförmigen Blütenbecher schlagen nach und nach ihre Blütenblätter zurück, bis sie fast eine Kugel bilden. Dabei verwandelt sich die Blütenfarbe in ein tiefes Purpurrot. Darf sich die Rose freiwüchsig entfalten, entwickelt sie sich zu einem dichtbuschigen Strauch mit kaum bestachelten, lang überhängenden Trieben und einer mäßigen Blüte. Sehr förderlich für den Blütenansatz ist es, jährlich veraltete Triebe an der Basis auszulichten, vor dem Aufbrechen der Knospen die langen, blütenlosen, vegetativen Triebe auf Strauchhöhe einzukürzen und im zeitigen Frühjahr den Strauch rundlich mit angestuften Seiten in Form zu bringen.

► Samtig dunkelrot mit violetten bis bräunlichen Nuancen blüht auch die 1,5 m hohe Gallica-Rose 'Tuscany'. Die sehr winterharte Rose hat eine lange Tradition. Sie wird bereits 1597 erwähnt und hieß damals 'Old Velvet Rose.'

Blüte einmalblühend; gefüllt, ø 8 cm; dunkelviolettes Purpurrot; duftend
Wuchs 1,5 m hoch; überhängend, buschig
Besonderheit guter Boden, keine volle Sonne; winterhart
Gestaltung in Beeten, an Gehölzrändern und Zäunen, als Solitär, in Hecken; als Kletterrose an hellen Säulen
Züchter Laffay 1840, Frankreich

'STANWELL PERPETUAL'

BIBERNELLROSE

BLÜTE dauerblühend; dichtgefüllt; ø 4 cm; hellrosa, später rahmweiß; wunderbarer Duft
WUCHS 1,5 m hoch und bis 1,2 m breit; kräftig; dicht, überhängend mit stark bestachelten Trieben
BESONDERHEIT robuste Einsteiger-Rose; sehr winterhart; toleriert Halbschatten
GESTALTUNG für Beete, Hecken, Gehölzrand und Gefäßkultur
ZÜCHTER seit 1838 durch Lee (Großbritannien) im Handel

Diese zauberhafte Rose entstand vermutlich durch eine Laune der Natur und geht auf eine Kreuzung der in Nordeuropa heimischen Bibernellrose (*Rosa spinosissima/ pimpinellifolia*) mit *Rosa × damascena* 'Bifera' zurück. 'Stanwell Perpetual' ist die einzige Bibernellrose, die bis in den späten Herbst hinein blüht. Mit ihrer Fülle betörend duftender, kleiner Blüten in Muschelrosa wurde sie schnell zum Liebling vieler Gärtner. Während Vita-Sackville-West sie wegen ihrer bis Oktober ausdauernden Blüten jedem ans Herz legt, lenkt der Rosenzüchter Heinrich Schultheiß die Aufmerksamkeit auf ihren wasserfallähnlichen Wuchs, der sie auch als Kaskadenrose prädestiniert. In großen Kübeln auf Säulen, Mauern oder Pfosten sieht sie ebenso malerisch aus wie veredelt als Hochstamm.

◀ Während 'Stanwell Perpetual' eine elegante Gartensorte ist, besitzen die anderen Abkömmlinge von Bibernell-Rosen eher das Flair eines Naturkindes. So zum Beispiel 'Glory of Edzell', die ihren kurzlebigen, aber leuchtenden Flor bereits im Mai entfaltet.

‘OFFICINALIS’

Synonyme: Rosa gallica ‘Officinalis’, ‘Apotheker-Rose’ / GALLICA-ROSE

‘Officinalis’ ist die älteste Gallica-Rose und verweist bereits durch ihre Namen auf ihre lange geschichtsträchtige Bedeutung. Vermutlich kam sie zur Zeit der Kreuzzüge aus dem Nahen Osten, wo arabische Ärzte ihre heilenden Substanzen bereits entdeckt hatten, nach Europa. Hier wird sie nachweislich zu Beginn des 14. Jahrhunderts in Provins (südöstlich von Paris) zur Gewinnung von Rosenöl und für Heilzwecke angebaut. Sie ist ferner das Emblem des Hauses Lancaster und bildet noch heute mit der oben aufgelegten weißen Rose von York (*Rosa alba*) die sogenannte Tudor-Rose, die als Royal Badge bis heute das Abzeichen des englischen Königshauses ist. Da ihre Blütenblätter auch in getrocknetem Zustand den Duft bewahren, schätzt man ‘Officinalis’ auch in Duft-Potpourris.

Blüte einmalblühend; halbgefüllt; groß, ø 11 cm; karminrot mit gelben Staubgefäßen; schwerer, starker Duft

Wuchs 1 m hoch und bis 1,2 m breit; kräftig; kompakt, runde überhängende Büsche

Besonderheit robuste Einsteiger-Rose; sehr winterhart; gut geeignet für Halbschatten, toleriert weniger gute Böden; reicher Hagebutten-Ansatz

Gestaltung für kleine Gärten, Kräuter- und Bauerngärten geeignet; für Beete, Hecken und Gefäßkultur

Züchter schon vor 1310 in Kultur

Weitere Synonyme ‘Rote Rose von Lancaster’, ‘Provins-Rose’, ‘Gefüllte Essig-Rose’

'VERSICOLOR'

GALLICA-ROSE / Synonyme: *R. gallica* 'Versicolor', 'Rosa Mundi'

'Versicolor' ist ein Sport (Sprossmutation) von *Rosa gallica* 'Officinalis', der sie weitgehend gleicht. Sie ist die älteste bekannte gestreifte Rose. Ihre Auslese fand wohl in der Renaissance statt, denn sie wurde zum ersten Mal 1583 von dem niederländischen Botaniker Carolus Clusius (als *Rosa gallica* 'Variegata') beschrieben. Im Garten ist die Rose sehr dekorativ und von lebhafter Wirkung. Als flammende Hecke neben ruhigen Kies- und Plattenwegen erzielt sie eine fulminante Wirkung. Da die Blüten gerne von Bienen aufgesucht werden, bildet 'Versicolor' eine Fülle von Hagebutten aus. Wird sie wurzelecht (also unveredelt) gepflanzt, neigt sic zur Bildung von Ausläufern und kann dann wie eine Bodendeckerrose Abhänge und Böschungen befestigen.

Blüte einmalblühend; halbgefüllt; groß, ø 10 cm; helles Karminrot, unregelmäßig weiß-rosa marmoriert und gestreift mit gelben Staubgefäßen; schwerer, starker Duft

Wuchs 1 m hoch und bis 1,2 m breit; kräftig; kompakte, runde, überhängende Büsche

Besonderheit robuste Einsteiger-Rose; sehr winterhart; gut geeignet für Halbschatten, toleriert weniger gute Böden; reicher Hagebutten-Ansatz

Gestaltunng für kleine Gärten, Kräuter- und Bauerngärten geeignet; für Beete, Hecken und Gefäßkultur

Züchter unbekannt, 1583 zum ersten Mal beschrieben

▼ Auch die einmalblühende 'Georges Vibert' ist eine gestreifte Gallica-Rose. Mit ihren großen, dichtgefüllten Blüten und dem buschig aufrechten Wuchs von 1 m passt sie gut in kleine Gärten, Kübel und Gartennischen.

'REINE DES CENTFEUILLES'

ZENTIFOLIE

Blüte einmalblühend; sehr dichtgefüllt; groß, ø 10 cm; rosa; lieblicher Duft
Wuchs 1,5 m hoch und bis 1 m breit; aufrechte bis überhängende Büsche
Besonderheit robuste Einsteiger-Rose; sehr winterhart; verträgt auch Halbschatten und arme Böden
Gestaltung für Beete, am Gehölzrand und für Gefäßkultur
Züchter 1824, Belgien

Wahrhaft königlich ist der Duft der „Königin der Zentifolien“, die in guten Rosenjahren verschwenderisch blühen kann. In regenreichen Jahren hingegen erliegen ihre sich entfaltenden Blüten oft der Gefahr zu verkleben und vermögen sich dann nicht mehr zu öffnen, wenn man die äußeren Blütenblätter nicht entfernt. Sind sie aber einmal entfaltet, verströmen sie einen köstlichen Duft und werden gerne für vielfältige Rosendelikatessen verwendet. Die ganzen Blüten sehen hinreißend aus als Dekoration von Torten. Aber auch einzelne Blütenblätter bezaubern mit Eiweiß bestrichen und mit Feinzucker bestäubt als kristallines Dekor von Gebäck, Desserts oder Käse. Frische Blütenblätter hingegen können sogar Blattsalate mit Rosatönen und Rosenaroma beleben.

◀ Daneben brachten Zentifolien noch weitere kleinblütige Mutationen hervor, zum Beispiel 'Petite de Hollande', die mit 1,2 m Höhe die anderen überragt. Sie ist auch als *Rosa × centifolia* 'Minor', 'Petite Junon de Hollande' oder 'Pompon des Dames' bekannt.

‘PARVIFOLIA’

Synonym: *Rosa centifolia* ‘Parvifolia’ / ZENTIFOLIE

Wie alle Zentifolien liebt auch diese kleine viel Sonne. An einem optimalen Rosenstandort erweist sie sich ungemein freigebig und blüht hinreißend üppig. Angeblich wurde sie in einem verwilderten Garten bei Dijon gefunden und 1664 zum ersten Mal von Tabernaemontanus als Burgunderrose beschrieben und abgebildet. Trotz dieser Namensgebung darf sie nicht mit der rosa blühenden ‘Pompon de Bourgogne’ verwechselt werden. Diese Zentifolie wird etwa 10 cm höher und blüht zartrosa an kurzen Nebentrieben entlang des Haupttriebs. Bei der zierlichen ‘Parvifolia’ hingegen öffnen sich die Blüten in Büscheln jeweils am Ende der fast stachellosen Triebe, wodurch sie einer Gallica-Rose ähnelt. Sie blüht ab Juni einmal, aber sehr lange und reich.

Blüte einmalblühend; dichtgefüllt, flach; ø 4 cm; dunkles Purpurrosa mit violettem Hauch; im Zentrum ranunkelartig nach innen eingeschlagene Kronblätter; starker Duft

Wuchs 0,6 m hoch; aufrecht, buschig, dicht

Besonderheit reich blühende Einsteiger-Rose; winterhart

Gestaltung für kleine Gärten, niedrige Hecken, Beete und Gefäßkultur; schön zu Kräutern

Züchter 1664 erstmals erwähnt

'NUITS DE YOUNG'

MOOSROSE / Synonym: 'Old Black'

Blüte einmalblühend; gefüllte, flache Rosetten; mittelgroß, ø 5 cm; dunkles, samtiges Purpurrot mit Violettbraun; schwerer, intensiver Duft
Wuchs 1,2 m hoch; starkwüchsig, aufrecht, buschig, dicht
Besonderheit gute Winterhärte; sonniger Standort
Gestaltung für kleine Gärten, niedrige Hecken geeignet; für Beete und Gefäßkultur; sehr schön zu Kräutern
Züchter 1845 Laffay, Frankreich

Diese Dunkelste aller Moosrosen war ihrer Farbe wegen ursprünglich als 'Old Black' bekannt. Im Juni öffnen sich an leicht bemoosten Stielen aus ebenso locker bemoosten Knospen Blüten, deren Farbe zwischen samtigem Kastanienbraun und Purpur changiert. Diese verblassen später zu einem reizvollen Lilapurpur und geben den Blick auf kontrastreiche gelbe Staubgefäße frei. Da dunkle Blüten meist keine allzu große Fernwirkung besitzen, empfiehlt es sich, den Strauch – auch wegen seines betörenden Dufts – aus der Nähe zu genießen. Man pflanzt ihn deshalb am besten an einen sonnigen Platz an die Terrasse oder an einen Sitzplatz. Dort entwickeln die Blüten das vollste Parfum und man kann sie mit anderen Duftpflanzen wie Lavendel, Nelken und Salbei kombinieren.

◀ Besonders dekorativ bemoost ist der Blütenkelch von 'Cristata' (Synonyme: 'Chapeau de Napoléon', 'Crested Moss'), der dem Dreispitz Napoleons gleicht. Die großen, schweren Blüten der Rose sollten unbedingt gestützt werden.

'MUSCOSA'

Synonym: *Rosa centifolia muscosa* / UR-MOOSROSE

'Muscosa' ist eine Knospenmutation von *Rosa × centifolia,* deren Blütenstiele und Kelch stark mit feinen Drüsenborsten besetzt sind, die den bemoosten Eindruck ausmachen. Die harzige Note dieser Borsten verbindet sich mit dem süßen Zentifolien-Duft zu einem ganz besonderen Odeur. Oft werden als 'Muscosa' auch 1,2 m hohe, etwas stabilere und im Wuchs gefälligere Mutationen angeboten, die vor allem in England auch den Namen 'Old Pink Moss', 'Common Moss' oder 'Communis' tragen können. Daneben gibt es von ihnen eine weiß blühende Mutation 'Muscosa Alba' (auch 'White Moth', 'White Bath' oder 'Clifton Moss' genannt) sowie eine bis 2 m hohe purpurfarbene Variante 'Muscosa Rubra'. All diese bemoosten Schönheiten gedeihen am prächtigsten bei warmem, trockenem Wetter.

▶ Ein Glücksfall für Auge und Nase ist die leuchtend karminrote Moosrose 'Henri Martin' (Synonym: 'Red Moss'), die ihre ballförmigen Blüten einem 1,5 m hohen und bis 1,8 m breiten Strauch in Büscheln aufsetzt.

Blüte einmalblühend; dichtgefüllt, lange ballförmig geschlossen, ø 8 cm; rosa mit dunklerem Zentrum; intensiv duftend

Wuchs 1,8 m hoch; kräftig, locker überhängend

Besonderheit robuste Einsteiger-Rose mit bester Winterhärte

Gestaltung für Beete und Hecken in sonniger Lage; auch als Solitär

Züchter erste Erwähnungen ab 1696

‘HERMOSA’

CHINAROSE / Synonyme: ‘Armosa’, ‘Mélanie Lemaire’, ‘Mme Neumann’

Blüte öfterblühend mit Pausen bis zum Herbst; dichtgefüllt, ø 5 cm; silber- bis altrosa; zart duftend
Wuchs 0,9 m hoch; starkwüchsig, überhängend
Besonderheit im Winter schützen; im Frühjahr wie öfterblühende Strauchrosen schneiden
Gestaltung für kleine Gärten und Gefäßkultur; sehr schön in gemischten Rabatten oder als Vorpflanzung vor Gehölzen
Züchter Marcheseau 1840, Frankreich

‘Hermosa’ besticht durch das nostalgische Flair ihrer ab Juni immer wieder neu erscheinenden Blüten, die wie am Strauch überhängen. Die kleine Rose ist prädestiniert für kleine Gärten oder kleine sonnige Gartenpartien und Terrassen, die sie in Gefäßen mit ihrem lieblichen Charme verzaubert. Ausgepflanzt im Freiland sollte sie möglichst immer in zwei oder drei Exemplaren zusammengepflanzt werden, da sie sonst etwas transparent wirkt.
Von ‘Hermosa’ gibt es auch einen kletternden Sport. ‘Setina’ wurde 1879 von Henderson/USA eingeführt und bildet die gleichen Blüten an bis 3 m langen Trieben. Die heute fast in Vergessenheit geratene Rose war ein Lieblingskind der viktorianischen Zeit, wo man sie mit Vorliebe zu Girlanden an Seilen zog.

◀ Eine ebenso zierliche Chinarose ist die reizende ‘Cécile Brunner’ (Synonyme: ‘Sweetheart Rose’, ‘Maltese Rose’), deren weiße Mutation ‘White Cécile Brunner’ sich mit einem Hauch von Gelb und Pfirsich überzieht.

'OLD BLUSH'

Synonyme: *Rosa × odorata* 'Pallida', 'Parson's Pink China' / CHINAROSE

'Old Blush' ist nicht nur eine elegante Rose mit sehr anmutigen Blüten, sondern historisch auch ein bedeutender Vorfahre der Bourbon- und Noisette-Rosen. Vermutlich wurde sie, bevor sie in Europa eingeführt wurde, in China schon jahrhundertelang kultiviert. 'Old Blush' blüht in großen Büscheln an schlanken, fast stachellosen Trieben. Nach der Hauptblüte im Juni öffnen sich bis zum Winter immer wieder neue schalenförmige, zartrosa Blüten, deren Kronblätter sich locker zurückschlagen. Ihrem anmutigen Charakter nach sollte die Rose mit ähnlich feinsinnigen Partnern in blauen und grauen Tönen kombiniert werden, wie zum Beispiel mit Edelrauten (*Artemisia*), Pfirsichblättriger Glockenblume (*Campanula persicifolia*) oder Perovskien (*Perovskia*).

Blüte öfterblühend; halbgefüllt, mittelgroß, ø 6 cm; erst blassrosa, dann nachdunkelnd; süßer Duft

Wuchs 1,6 m hoch, aufrecht; überhängender, mittelstarker Wuchs

Besonderheit Weltrose und uralte anmutige Kulturrose; toleriert Schatten und ist für Nordlagen geeignet; leider für Pilzkrankheiten anfällig; benötigt Winterschutz

Gestaltung als Strauchrose in Beeten, gemischten Rabatten und als Solitär; kann in milden Regionen als Kletterrose bis zu 2,5 m hoch gezogen werden

Züchter China, 1789 in Europa eingeführt

Weitere Synonyme 'Old Pink Monthly', 'Common Monthly', 'China Monthly', 'Monthly Rose'

'VIRIDIFLORA'

CHINAROSE / Synonyme: 'Grüne Rose', 'Green Rose'

Blüte öfterblühend; halbgefüllt, klein, ø 5 cm; grüne, gefranste Hochblätter; würziger Duft
Wuchs 0,8 m hoch; aufrecht, buschig
Besonderheit Kuriosität ohne echte Blüten; robust, gesund, sollte aber in rauen Regionen Winterschutz erhalten
Gestaltung Liebhaberpflanze; interessant für floristische Dekorationen
Züchter 1833 in den USA aufgetretene Mutation

Die 'Grüne Rose' ist ein einmaliges Blütenwunder, das einer Mutation der Blüten zu verdanken ist. Aus dicken Knospen entfalten sich halbgefüllte Blüten in Büscheln, die jedoch anstelle von typischen Kronblättern schmale grüne Hochblätter mit gesägtem Rand tragen. Diese sind sehr lange haltbar und nehmen im Verblühen violette Bronzetöne an. Da echte Blütenanlagen völlig fehlen, ist 'Viridiflora' steril. Obwohl die Rose nicht mit prächtigen bunten Blüten fasziniert, wohl aber die kompakte Wirkung einer grünen Beetrose besitzt, kann sie sich in einer gemischten Rabatte mit beruhigenden Grüntönen und als dauerhafte Struktur bewähren. Auch in weiß-grünen oder weiß-gelb-grünen Pflanzkombinationen vermag sie sich sehr gut zu behaupten.

◂ Ähnlich geheimnisvoll wie 'Viridiflora' ist die Chinarose 'Sophie's Perpetual', von deren Herkunft man nur weiß, dass sie in einem alten Garten gefunden und 1960 wieder eingeführt wurde. Sie benötigt unbedingt Winterschutz.

'MME ALFRED CARRIÈRE'

NOISETTE-ROSE

'Mme Alfred Carrière' ist ein wahrer Gartenschatz und der Star unter den Noisette-Rosen. Ihre betörend duftenden Blüten erscheinen ab Juni einzeln oder in Büscheln an langen Trieben mit nur wenigen Stacheln. Da man sich kaum an ihr verletzen kann, kann man sie unbedenklich zum Beispiel an Laubengänge und Bögen, neben Sitzplätze oder an Lauben pflanzen. Die große Wuchsfreudigkeit der Rose verlangt jedoch nach einem wichtigen Schnitt: Nach der Blüte im Juni bildet sie bis zu 2 m lange Seitentriebe aus. Bevor sich daran Knospen entwickeln, sollten diese Triebe auf fünf bis sieben Augen eingekürzt werden. Dann blüht die Rose aus jeder Blattachsel bis zum Frost üppig nach. Geschieht dies nicht, setzt sie nur an den Spitzen der neuen Langtriebe Blüten an.

Blüte öfterblühend; lockergefüllt, schalenförmig gerundet, groß, ø 10 cm; champagnerfarben mit Rosé-Hauch, der aber bald verblasst; intensiver Duft

Wuchs 3 bis 6 m hoch; starkwüchsige Kletterrose mit intensiver Seitentriebbildung im Juni; als Strauch überhängend

Besonderheit Weltrose; robuste Einsteiger-Rose, gesund und winterhart; toleriert Halbschatten und geschützte Nordlagen

Gestaltung als großer, überhängender Strauch oder als Kletterrose für Bögen, Lauben, Pergolen; kann in Bäume klettern; nicht an Spaliere vor Südwänden pflanzen

Züchter J. Schwartz 1879, Frankreich

‘BOULE DE NEIGE’

BOURBON-ROSE

Die etwas heikle Bourbon-Rose ‘Boule de Neige’ erinnert mit ihren kugeligen, dichtgefüllten, weißen Blüten tatsächlich an einen Schneeball. Die anfangs hochgebauten, runden Blüten rollen, wenn sie voll entfaltet sind, die Kronblätter so weit auf, dass sie auch weiterhin wie Kugeln aussehen. Dem ersten Blütenflor im Juni folgen bis zum Herbst vereinzelte Blüten. Sie stehen meist in großen Büscheln über dem kontrastreichen, dunklen Laub und bieten zusammen mit den purpurfarbenen Knospen einen sehr aparten Anblick. Bei Bedarf kann der anmutige Strauch auch wie eine Kletterrose an Säule, Obelisk oder Rosenbogen in die Höhe geleitet werden.

Blüte öfterblühend; dichtgefüllt, kugelig, ø 8 cm; weiß, oft mit dunkelrosa Petalenrand; sehr stark duftend

Wuchs 1,2 m hoch; aufrecht, buschig, dicht

Besonderheit gedeiht besonders gut im lichten Schatten; benötigt sehr guten Boden und in rauen Lagen Winterschutz

Gestaltung mittelgroßer Strauch für niedrige Hecken und Gefäße, in Beeten und gemischten Rabatten

Züchter Lacharme 1867, Frankreich

▼ Die typischen Blütenbälle der Bourbon-Rosen besitzt auch ‘(La) Reine Victoria’ deren lachsrosa Flor zum Inbegriff viktorianischer Zeit wurde. Leider ist die 1,5 m hohe, öfterblühende Rose anfällig für Sternrußtau.

'SOUVENIR DE LA MALMAISON'

BOURBON-ROSE / Synonym: 'Queen of Beauty and Fragrance'

Blüte öfterblühend; dichtgefüllt, groß, ø 11 cm; weißliches Rosa, das später verblasst; Teerosenduft
Wuchs 0,9 m hoch, 0,7 m breit; zarte Triebe
Besonderheit Weltrose; verlangt optimalen Standort; anfällig für Pilzkrankheiten; nässeempfindlich
Gestaltung für kleine Gärten, Beete und Gefäßkultur; wunderbare Schnittblume
Züchter Béluze 1843, Frankreich

In regenreichen Lagen sei von dem Gartenschatz abgeraten. Denn wie alle Bourbon-Rosen neigen auch die zarten Blüten von 'Souvenir de la Malmaison' bei Nässe zum Verkleben und öffnen sich nicht mehr, wenn nicht ihre äußeren Blütenblätter manuell entfernt werden. Unterbleibt dies, kommt es schnell zur Mumienbildung. Aber auch bei optimaler Witterung lassen die bauschigen Blüten am zierlichen Strauch leider oft die schweren Köpfchen hängen. Dafür entschädigen sie mit einer zweiten reichen Herbstblüte. Liebhaber der Sorte können in milden Regionen auf den bis 3 m hoch kletternden, aber nur einmalblühenden Sport 'Souvenir de la Malmaison Climbing' ausweichen, da die nickenden Blüten von unten gesehen am schönsten sind.

◀ Als wohlriechendste aller Bourbon-Rosen gilt die bis 2 m hohe, öfterblühende 'Mme Isaac Pereire', deren kräftige, lange Triebe sich problemlos zum Klettern an Obelisken, Bögen und Pergolen verführen lassen.

'GRUSS AN TEPLITZ'

Synonyme: 'Virginia R. Coxe', 'Salut à Teplitz' / BOURBON-ROSE (wird auch als Chinarose klassifiziert)

Rudolf Geschwind (1829–1910) veröffentlichte in Wien 1864 das erste Buch in deutscher Sprache über Rosenzüchtung und plädierte bereits damals für Züchtungsziele wie Winterhärte, Gesundheit und Reichblütigkeit. Erste Lorbeeren erntete er auf der Pariser Weltausstellung 1889 mit seinen „Ungarischen Kletterrosen“, zu denen auch 'Gruß an Teplitz' zählt. Heute sind Züchter wie Rose fast in Vergessenheit geraten. 'Gruß an Teplitz' zeichnet sich durch seine anmutigen, leuchtend roten Blüten aus, die in großen Büscheln am Ende der feinen, biegsamen Triebe erscheinen. Werden diese an Kletterhilfen hochgebunden, nicken die Blüten malerisch herab. Wunderschön sehen dazu kräftig blaue Begleiter wie Sommersalbei (*Salvia nemorosa*) oder Rittersporn (Delphinium-Hybriden) aus.

Blüte öfterblühend; locker-gefüllt; mittelgroß, ø 7 cm; karminrot mit samtig dunklem Rand, im Verblühen dunkler; würziger Duft

Wuchs 2 m hoch; stark; buschig mit langen, biegsamen Trieben

Besonderheit Weltrose; benötigt besten Boden, sonst anfällig für Mehltau; gute Winterhärte

Gestaltung als Strauchrose im Hintergrund von Beeten; als dauerblühender Solitär; für Hecken; als Kletterrose an Ost- oder Westwänden, an Obelisken, Säulen, Bögen, Pergolen

Züchter Geschwind 1897, Ungarn

'VARIEGATA DI BOLOGNA'

BOURBON-ROSE (wird auch als Chinarose klassifiziert)

Wenn 'Variegata di Bologna' ab Juni ihre malerischen Blüten in Büscheln öffnet, sollte ihr ein farblich zurückhaltender Hofstaat zu Füßen liegen, denn auffallende Konkurrenz würde ihre Wirkung beeinträchtigen. Gut passen Begleiter in Rosa, Grau oder in Blau- und Violetttönen, wie Blaue Katzenminze (*Nepeta* × *faassenii*), die den ersten überreichen Flor begleiten. Danach blüht die Rose, wenn überhaupt, nur noch sehr vereinzelt nach. Schon Vita Sackville-West hatte die Erfahrung gemacht, dass sie am besten an einem halbschattigen Platz (also in Ost- oder Westlage) gedeiht, an dem es ihre Wurzeln kühl haben. Wie alle größeren Bourbon-Rosen tendiert auch 'Variegata di Bologna' als Strauch zum Auseinanderfallen, wenn sie keine Stütze erhält.

Blüte einmalblühend; dichtgefüllt, geviertelt; anfangs kugelig, später schalenförmig; groß, ø 8 cm; rosa überhauchtes Weiß, das karmesinrotpurpur gestreift und marmoriert ist; betörender Duft

Wuchs 1,6 m hoch, 1,2 m breit; locker; buschig

Besonderheit sehr attraktiver Großstrauch oder Kletterrose; anfällig für Pilzkrankheiten; gute Winterhärte

Gestaltung als Strauch für Beete und als Solitär; als Kletterrose bis zu 3,5 m hoch

Züchter Bonfiglioli 1909, Italien

▼ Im Unterschied dazu entfaltet die 1,8 m hohe Bourbon-Rose 'Honorine de Brabant' ihre duftenden, kugelig-gestreiften Schalenblüten gleich zweimal im Jahr. Mit ihrem buschigen Wuchs eignet sie sich als Strauch wie auch als Kletterrose.

'FERDINAND PICHARD'

REMONTANT-ROSE

BLÜTE öfterblühend; gefüllt, schalenförmig; groß, ø 9 cm; weiß-rosa Grund, purpurrot gestreift und marmoriert; sehr intensiver Duft
WUCHS 1,5 m hoch, 1,2 m breit; stark, aufrecht; buschig
BESONDERHEIT robuste, reichblühende Einsteiger-Rose; eine der besten gestreiften Rosen; gute Winterhärte
GESTALTUNG zauberhafter Solitär auch für kleinste Gärten, als Hecke geeignet; für Beete und gemischte Rabatten
ZÜCHTER Tanne 1921, Frankreich

Als Mittelpunkt oder Hintergrund eines Beets zieht 'Ferdinand Pichard' zweifellos die Blicke ebenso auf sich wie als breitbuschiger Solitär. Selbst für kleinste Gärten, die nur Platz für eine Rose bieten, ist die gestreifte Remontant-Rose eine gute Wahl, denn sie blüht ab Juni mit kurzen Unterbrechungen bis in den Herbst. Dabei stehen ihre großen, lebhaften Blüten meist in Büscheln über dem Laub. Ein vollsonniger, geschützter Platz und das regelmäßige Entfernen des abgeblühten Flors tragen viel zum Blütenreichtum bei. In größeren Gärten sieht auch eine Rosengruppe von 'Ferdinand Pichard' mit anderen zweifarbigen Rosen wie den gestreiften Bourbon-Rosen oder mit einfarbigen rosa Rosen sehr apart aus.

'BARON GIROD DE L'AIN'

Synonyme: 'Princess Christine von Salm', 'Royat Mondain' / REMONTANT-ROSE

An einem optimalen Standort in gutem Rosenboden wächst 'Baron Girod de l'Ain' zu einem kompakten Strauch heran, der im Juni mit seinen üppigen, herrlichen Blütenbüscheln Begeisterung entfacht und im Spätsommer nochmals nachblüht. Entsprechen Licht und Boden den Rosenbedürfnissen weniger, bildet er gerne wenige lange Triebe, die sich jedoch gut an Säulen, Obelisken oder Bögen ziehen lassen und dabei 2 bis 3 m Länge erreichen können. Die samtigen Blüten haben den Vorteil, dass sie auch bei Hitze und Sonne nicht stark verblassen. Erlesen wirkt die Rose mit Begleitern, die mit Dunkelrot und Weiß oder Silber ihre Töne aufgreifen. Aber auch Apricot und Orange fügen sich meisterlich zum satten Braunrot der Blüten.

▶ Mit weißen Lichtreflexen auf den gefüllten, duftenden Blüten spielt auch die nur 1 m hohe Remontant-Rose 'Roger Lambelin'. Häufig enttäuscht sie jedoch durch die Anfälligkeit ihres Laubs für Pilzkrankheiten.

BLÜTE öfterblühend; dichtgefüllt, becherförmig; ø 8 cm; karminrot mit kastanienbraunem Hauch, fein weiß gerandet; Duft

WUCHS 1,5 m hoch; 0,9 m breit; aufrecht, überhängend, buschig, dicht

BESONDERHEIT aparte Blüten; gute Winterhärte

GESTALTUNG als Solitär, in Beeten; möglichst in Sitzplatznähe, um Blüten und Duft aus der Nähe zu genießen

ZÜCHTER Reverchon 1897, Frankreich

KLETTER-ROSEN

KLETTERROSEN

Einteilung der Kletterrosen

Kletterrosen sind die großen Magier im Garten. Innerhalb weniger Jahre können sie der unscheinbarsten Gartenecke märchenhaften Dornröschen-Charme verleihen. Es lohnt sich, wie schon lange in Großbritannien üblich, sie nach ihrem Wuchsverhalten in „Rambler“ und „Climber“ zu unterscheiden.

Auf einen Stamm veredelt entwickeln sich Ramblerrosen wie 'Super Excelsa' (links) und 'Super Dorothy' (rechts) zu romantisch überhängenden Kaskadenrosen.

Als Rambler gelten Kletterrosen, die mit ihren weichen, biegsamen Trieben Sträucher und Bäume, Mauern, Wände und Pergolen großflächig überspinnen. Sie blühen meist nur einmal, dafür ungewöhnlich reich und über mehrere Wochen, wobei ihre Blüten oft sehr klein sind, aber in großen Büscheln erscheinen. Die Farbe Weiß überwiegt, daneben kommen auch kühle Nuancen von Rosa, Rot und Purpur vor. Gelb gibt es fast nicht – und wenn, dann pastellig aufgehellt. Rambler tragen kleines bis mittelgroßes Laub, das ziemlich gesund ist und das ganze Jahr über attraktiv bleibt. Sie haben überdies die Eigenheit, aus der Basis immer wieder lange Triebe nachzuschieben, sodass sie auch nach einem totalen Rückschnitt, wenn beispielsweise im Winter alle Triebe erfroren sind, nach drei Jahren wieder blühen. Climber (oder Kletterrosen im engeren Sinn) sind mit ihren dicken, starken Trieben sparrige Spreizklimmer. Sie können 2 m und mehr aufrecht wachsen und halten sich mit Hilfe ihrer Stacheln an. Dazu tragen sie größere Blüten, die einzeln oder in Büscheln meist mehrfach im Jahr erscheinen. Bei den Climbern gibt es auch gelbe, scharlachrote, orange-, lachs- und apricotfarbene Sorten, die im Rambler-Spektrum nahezu völlig fehlen.

Seite 58/59

In einem der eindrucksvollsten Rosengärten, dem 1898 geschaffenen L'Hay-les-Roses (im gleichnamigen Ort), der heute Roseraie Départementale du Val-de-Marne heißt, überzieht die Ramblerrose 'Alexandre Girault' Pavillon und Bogengänge mit duftender Pracht.

Rosen an Obelisk, Pyramide und Säule

Während man bei Obelisken und Pyramiden eine Rose in die Mitte des Rankgerüsts setzt, pflanzt man bei größeren Säulen zwei Rosen einander gegenüber. In beiden Fällen werden die Triebe spiralig und möglichst flach um die Kletterhilfe gezogen. Besonders reiche Blüte verspricht die Methode, die Haupttriebe bald einzukürzen, damit sich Seitentriebe bilden, aus denen ein blütenreiches, dichtes Geflecht erwächst.

Zwischen den hohen Fenstern dieses Hauses entfaltet die Ramblerrose 'New Dawn' ihren zarten Zauber. Zum Begrünen solch schmaler Partien sollte man nur schwachwüchsige Kletterrosen oder eine als Säulenrose deklarierte Sorte verwenden.

Der Schnitt öfterblühender Kletterrosen

Der Zeitpunkt für diesen Schnitt ist im März. Die meisten Climber blühen an den diesjährigen Seitenzweigen ein- und mehrjähriger Langtriebe. Um ein Vergreisen zu vermeiden, sollten deshalb immer Triebe verschiedenen Alters vom Boden aus nach oben das Gerüst der Pflanze bilden.

Bei vieltriebigen, älteren Rosen werden jährlich ein bis zwei veraltete Haupttriebe möglichst an der Basis herausgenommen. Langtriebe vom letzten Jahr bleiben unberührt, wenn sie dem Gerüstaufbau dienen. Kräftige, von diesen Haupttrieben ausgehende Seitentriebe werden jedoch auf zwei bis drei Augen zurückgeschnitten, schwache entfernt man am besten komplett an ihrer Anwuchsstelle am Haupttrieb. Natürlich kappt man im Frühjahr parallel dazu auch alle erfrorenen, abgestorbenen oder abgeknickten Triebe.

Der Schnitt einmalblühender Kletterrosen

Einmalblühende Climber und Rambler, die in Bäume hineinranken oder sich über eine Mauer legen, benötigen auch nach der Blüte keinen Schnitt. Viele überziehen sich in der Folge mit dekorativem Hagebuttenschmuck. Sollen sie jedoch an Spalieren, Pergolen und Bögen in Form bleiben, erhalten Rosen, die schon ein Gerüst aufgebaut haben, nach der Blüte im Juli oder August ihren Hauptschnitt.

Dabei werden die abgeblühten Seitentriebe bis zum Ansatz am Haupttrieb entfernt. Wichtig ist, dass der Astring stehen bleibt, damit die in ihm schlafenden Knospen austreiben und die entfernten Zweige ersetzen können. Bei Rosen mit nur wenigen Haupttrieben werden die abgeblühten Seitentriebe hingegen nur auf zwei bis drei Augen eingekürzt. Die neuen Jahrestriebe erhalten keinen Schnitt, denn an ihnen entstehen die Blütentriebe des Folgejahres.

'SYMPATHIE'®

CLIMBER / Synonym: 'Sympathy'

Blüte öfterblühend; gefüllt; ø 10 cm; samtig dunkelrot; duftend

Wuchs 3–4 m hoch; stark; vieltriebig und verzweigt

Besonderheit ADR-Rose 1966; robuste Einsteiger-Rose; regenfest; sehr winterhart

Gestaltung für Pergola, Laube, Pavillon, Wand, Bogen

Züchter Kordes 1964, Deutschland

'Sympathie'® ist eine äußerst beliebte Kletterrose, wenn es darum geht, größere Wände und Bereiche in der Vertikalen zu begrünen. Sehr apart wirken nicht nur ihr samtiges Dunkelrot, das weithin leuchtet, ohne grell zu sein, sondern auch ihre edelrosenähnlichen Blüten, die einzeln oder in Büscheln ab Juni bis zum Herbst erscheinen. Da die wuchskräftige Sorte mit der Zeit dicke, verholzte, sparrige Triebe bildet, die oben blühen und im unteren Bereich verkahlen, empfiehlt es sich, einjährige Triebe aus der Basis zum Austreiben anzuregen durch stufiges Einkürzen im unteren Drittel der Rose. Die Alternative: eine Vorpflanzung von höheren Stauden und Gräsern oder aber eine reichblühende Clematis in die Rose hineinranken lassen. Zur Hausbegrünung die Rose nie an überhitzte Südwände setzen.

◀ Für raue und halbschattige Lagen ist die einmalblühende Kletterrose 'Paul's Scarlet Climber' wie geschaffen. Bis 4 m hoch überzieht sie Säulen, Mauern und Pergolen mit ihren halbgefüllten, flammend roten Blüten.

‘DORTMUND’®

CLIMBER

‘Dortmund’® ist anspruchslos und zuverlässig. Auch im Halbschatten und auf weniger nährstoffreichen Böden entfaltet sie ihre blutrote Pracht in großen Büscheln und hinterlässt dabei einen lebhaften Eindruck. Dieser geht auf das weiße Auge im Zentrum ihrer großen Blüten zurück, lässt sie heiter und unprätentiös erscheinen, sodass sich die Sorte hervorragend für Bauerngärten und den ländlichen Bereich eignet. Ob sie dort einen Schuppen adelt oder einen Zaun oder Rosenbogen koloriert, immer wird sie die Blicke auf sich lenken. In großen landschaftlichen Gärten kann sich ‘Dortmund’® auch ohne Rankhilfe freiwüchsig als imposanter Solitär präsentieren. Sobald sie beginnt Hagebutten anzusetzen, empfiehlt es sich, diese der Nachblüte zuliebe zu entfernen.

Blüte öfterblühend; einfach; ⌀ 10 cm; blutrot mit weißem Auge; leicht duftend

Wuchs 3 m hoch; stark; lang- und vieltriebig

Besonderheit ADR-Rose 1954; robuste, gesunde Einsteiger-Rose; Hitze und Halbschatten tolerierend; regenfest; Hagebutten; sehr winterhart

Gestaltung für Pergola, Laube, Laubengang, Pavillon, Wand, Rosenbogen; auch als großer Solitärstrauch

Züchter Kordes 1955, Deutschland

'FLAMMENTANZ'®

CLIMBER / Synonym: 'Flame Dance'

Mit verschwenderischer Blütenfülle entschädigt die leuchtend rote Kletterrose 'Flammentanz'® dafür, dass sie nur einmal blüht. Ihre weithin reichende Farbwirkung, die nie grell ist, erzielt sie nicht nur durch ihr Blutrot, sondern auch dadurch, dass sich ihre ebenmäßigen und mittelgroßen Blüten stets in Büscheln öffnen. Ab Juni beginnt das Spektakel und hält an die 6 Wochen vor. Dabei erweist sich die Sorte obendrein als regenfest und verblaut erst leicht kurz vor dem Verblühen. Im Herbst macht sie noch einmal mit einem reichen, dekorativen Hagebuttenansatz auf sich aufmerksam. Mit ihrer ovalen bis kugeligen Form von über 2 cm Durchmesser kommt ihnen ein hoher Zierwert an der Pflanze wie in Dekorationen zu.

Blüte einmalblühend; lockergefüllt, groß; ø 9 cm; blutrot, kaum duftend

Wuchs 3–5 m hoch; stark, steif, dicht

Besonderheit ADR-Prädikat 1952; robuste, sehr reichblühende Einsteiger-Rose; für Halbschatten geeignet; toleriert Südlagen, jedoch nicht an Hauswänden; frosthärteste rote Kletterrose

Gestaltung für Pergolen, Spaliere, Lauben, Pavillons, Wände, Rosenbögen, auch herabhängend von Mauern

Züchter Kordes 1955, Deutschland

'ROSARIUM UETERSEN'®

CLIMBER / Synonyme: 'Kordes' Rose Rosarium Uetersen', 'Seminole Wind', 'Utersen'

Blüte öfterblühend; dichtgefüllt, groß, ø 12 cm; warmes Rosarot, später silbrig überhaucht; leichter Apfelduft

Wuchs 2–3 m hoch; aufrecht, sparrig-buschig, dicht

Besonderheit robuste, sehr reichblühende Einsteiger-Rose; für Nordlagen geeignet; toleriert auch Südlagen, jedoch nicht vor Hauswänden; sehr winterhart

Gestaltung für Säulen, Obelisken, niedrige Wände; als mächtige Strauchrose am Zaun oder als solitärer Raumteiler; zauberhaft als Kaskadenrose

Züchter Kordes 1977, Deutschland

Wer diese ausdrucksvolle, nostalgisch anmutende Rose einmal im Garten hatte, wird ihren speziellen warmen, kräftigen Rosaton immer wieder sofort erkennen. Wenn die Kletterrose ihre Blüten im Juni in Büscheln entfaltet, beginnt ein Farbenspiel, das sich im Verblühen mit einem Silberschein überzieht, während der Strauch zugleich unermüdlich neue Blüten in frischem Rosa nachschiebt. Bis zum Frost fasziniert die Sorte, auf die man auch in kleinen Gärten nicht verzichten muss, wenn man sie an einem Obelisken im Beet oder am Rosenbogen über dem Weg zieht. Den anmutigsten Charme entwickelt sie jedoch als Hochstammrose. Veredelt auf eine Stammhöhe von 1,4 m bildet sie wie ein kleines Bäumchen eine malerische runde Krone aus.

'ETUDE'

Synonym: 'Étude' / CLIMBER

Die leicht zurückgeschlagenen, halbgefüllten Blüten der Kletterrose 'Etude' präsentieren ihr kräftiges Rosarot überreich und in großen Büscheln. Nach der Hauptblüte im Juni/Juli endet der Blütenrausch jedoch nicht abrupt, denn die farbenfrohe Rose blüht im Spätsommer noch einmal reich nach. Diese temperamentvollen Auftritte kann man durch Kombination mit Clematis-Hybriden wie 'Nelly Moser', 'Bees Jubilee', 'Capitaine Thuilleaux' oder 'Carnaby' duftig auflockern, die auf hellem Grund in sternförmigen Streifen den Farbton der Rose aufgreifen und wie diese im Juni und nochmals im Spätsommer blühen. Auch wenn 'Etude' eine luftige Südlage verträgt, sollte man ihr und den Clematis-Hybriden keinen Platz geben, an dem sie der starken Mittagssonne ungeschützt ausgesetzt sind.

▶ In dunkles Rosarot bis Kirschrot hüllen auch die gefüllten Blüten der öfterblühenden, gesunden Kletterrose 'Parade' Obelisken, Säulen, Zäune und Bögen. Dabei erinnern sie mit Farbe und Duft ein wenig an Alte Rosen.

Blüte öfterblühend; halbgefüllt, ø 8 cm; dunkles Rosarot; duftend
Wuchs 3 m hoch; dicht
Besonderheit robuste, reichblühende Einsteiger-Rose; für Nordlagen geeignet; toleriert auch Südlagen, jedoch nicht an Hauswänden; winterhart
Gestaltung für Säulen, Obelisken, Rosenbögen und Wände; als überhängende Strauchrose am Zaun oder als Raumteiler im Garten
Züchter Gregory 1965, Großbritannien

'MME GRÉGOIRE STAECHELIN'

CLIMBER / Synonym: 'Spanish Beauty'

Ab Anfang Juni blüht 'Mme Grégoire Staechelin' und findet, wie man sieht, in der Gesellschaft von *Iris* ein anmutig elegantes Pendant. Ihre wundervoll duftenden Blüten erscheinen nur einmal, aber in berauschender Fülle. Ihnen folgen im Herbst sehr große, birnenförmige, orangefarbene Hagebutten. Die wüchsige Rose sieht mit ihren nostalgischen, wie angewelkt hängenden Blüten am schönsten aus, wenn man sie von unten betrachten und ihren Duft aus der Nähe genießen kann. Eine helle Hauswand in Ost- oder Westlage oder eine Pergola präsentieren ihre Vorzüge aufs Schönste. Wer will, kann sie dort mit einer im Spätsommer blühenden *Clematis-viticella*-Sorte oder mit Strahlengriffel (*Actinidia kolomikta*) kombinieren, dessen Laubspitzen ihr Rosa aufgreifen.

Blüte einmalblühend; halbgefüllt, hängend; groß, ø 10 cm; zartrosa Kronblätter mit dunklerer Unterseite; berauschender Duft

Wuchs 4 m hoch; aufrecht, stark; kräftige Triebe, buschig

Besonderheit malerische, blühfreudige Rose; setzt reichlich große, orangerote Hagebutten an; auch für Nordlagen geeignet; benötigt Winterschutz

Gestaltung zauberhaft an hellen Mauern; an Säulen, Obelisken, Pergolen, Bögen

Züchter Dot 1927, Spanien

'CONSTANCE SPRY'®
CLIMBER

Blüte einmalblühend; dichtgefüllt, schalenförmig; groß, ø 11 cm; rosa; starker Duft
Wuchs 4 m hoch; starkwüchsig; überhängend; dicht
Besonderheit Moderne Romantikrose; erste Englische Rose; auch für halbschattige Mauern und Nordlagen geeignet; sehr winterhart
Gestaltung für Säulen, Obelisken, Pergolen, Mauern, Wände, am Zaun oder als mächtige Strauchrose; herrlich als Kaskadenrose
Züchter Austin 1961, Großbritannien

'Constance Spry'® ist die erste Rose des englischen Züchters David Austin, von der sehr viele nachfolgende Englische Rosen abstammen. Obwohl sie nur einmal blüht, ist sie ein viel geliebter Gartenschatz mit großen, traumhaft schönen, anfangs ballförmigen, später tief schalenförmigen Blüten und einem etwas ungebärdigen Wuchs. Man kann sie als mächtigen, ein wenig unordentlich überhängenden, bis 2 m hohen Strauch, ja sogar als undurchdringliche, stachelige Hecke ziehen. Viel anmutiger präsentiert sie sich jedoch als Kletterrose, deren Triebe an einer Rankhilfe Halt finden. Dann turnt sie an Mauern über 4 m hoch, schätzt aber auch eine Pergola, eine Kletterpyramide oder einen Zaun als Stütze. Von Ende Juni bis in den August hinein taucht sie mit ihren innen kräftiger, außen silbrig angehauchten rosa Blüten den Garten in den Zauber einer Märchenwelt.

'COMPASSION'®

CLIMBER

'Compassion'® zählt seit Jahrzehnten zum Standardrepertoire der Climber. War es anfangs die Edelrosenform ihrer Blüten, mit der sie die Gärtnerherzen trotz der damals wenig aktuellen Farbe eroberte, ist es heute genau umgekehrt. Weiche Apricot- und Lachstöne stehen hoch im Kurs. Und hier hat die mit Pausen gut nachblühende Rose einen zauberhaft changierenden Flor zu bieten. Etwas distanziert steht man heute allerdings ihrer fast perfekt gedrechselten Blütenform gegenüber, schwärmt doch alle Welt von den bauschig dichtgefüllten Formen der Alten Rosen, wie sie die Englischen Rosen und die romantischen Nostalgie-Rosen wieder hervorbringen. Eines muss man den Blüten der 'Compassion'® jedoch lassen: Sie blühen reich in Büscheln und duften hinreißend.

Blüte öfterblühend; lockergefüllt, edelrosenartig, groß, ø 12 cm; lachsrosa mit apricotfarbener Aufhellung; intensiver Duft

Wuchs 2–3 m hoch; aufrecht; steiftriebig und breitbuschig

Besonderheit ADR-Prädikat 1976; robuste, reichblühende Einsteiger-Rose; winterhart

Gestaltung für Säulen, Obelisken, niedrige Wände und Spaliere; als mächtige Strauchrose am Zaun, als Solitär oder als Hecke

Züchter Harkness 1972, Großbritannien

'GLOIRE DE DIJON'

HISTORISCHER CLIMBER

Blüte öfterblühend; dichtgefüllt, ø 10 cm; zart orangegelb, am Rand rahmweiß mit rosa Hauch; Duft
Wuchs bis 5 m hoch; aufrecht; stark
Besonderheit benötigt optimalen Standort; anfällig für Sternrußtau; nicht regenfest; im Winter schützen
Gestaltung für Säulen, Obelisken, Mauern, Pergolen und Spaliere; herrliche Kaskadenrose
Züchter Jacotot 1853, Frankreich

'Gloire de Dijon' ist eine der schönsten, ausdrucksvollsten historischen Kletterrosen. Oft schon Ende Mai öffnen sich ihre zauberhaften Blüten aus dunkelgelben Knospen und nehmen je nach dem Mineralgehalt des Bodens pastellfarbene Cognac-Töne mit unterschiedlichen Gelb- und Rosé-Nuancen an. Ab da blüht die Rose bis zum Frost immer wieder nach. Wer 'Gloire de Dijon' einmal in seinem Garten hatte, hält ihr die Treue und nimmt auch ihre Schwächen in Kauf, wie ihre Anfälligkeit für Sternrußtau und ihre empfindlichen Blüten, die bei Nässe verkleben. Herrlich kontrastiert das Violett von Sommerflieder (*Buddleja alternifolia*) oder blau-violette *Clematis* mit ihren Blüten. Aber auch an einem Obelisken in einem weiß-gelben Beet entfaltet sie ihren verführerischen Charme.

'GOLDEN SHOWERS'®

CLIMBER

Einzeln oder in Büscheln erstrahlen die goldgelben Blüten von 'Golden Showers'® ab Juni, die sich dann bis zum Frost mit immer neuen Glanzlichtern schmückt. Da die Blüten mit zunehmendem Alter verblassen, präsentiert sich die Rose in unterschiedlichen malerischen Gelb-Nuancen. Als Strauch im Hintergrund einer Rabatte, aber auch als Hochstamm oder als Kletterrose an einem Obelisken oder einer Pyramide mitten in einem Beet harmoniert ihr Farbspiel wunderbar mit einer Bepflanzung im Farbdreiklang Weiß-Gelb-Blau oder mit Partnern im Farbverlauf von Gelb-Orange-Scharlachrot mit silbergrauen Laubkontrasten. Damit die Rose gesund bleibt und der Blütenansatz nicht erlischt, sollte man auf eine gute, ausgewogene Nährstoffversorgung achten.

▶ Ähnlich im Farbton, aber regenfest ist 'Goldener Olymp'®, eine robuste und sehr frostharte Rose mit hinreißend duftenden Blüten. Mit bis 2,5 m langen Trieben kann sie als Climber wie als Strauch im Garten eingesetzt werden.

Blüte öfterblühend; lockergefüllt, später flach; groß, Ø 11 cm; gelb, später zu Hellgelb verblassend; leichter Duft

Wuchs 2–3 m hoch; stark; aufrecht, buschig, dicht

Besonderheit an optimalen Standorten robust und reichblühend; toleriert Halbschatten; winterhart

Gestaltung für Säulen, Obelisken, Spaliere und Bögen; auch als Strauchrose geeignet; bezaubernd als Hochstamm mit 1,4 m Höhe

Züchter Lammerts 1956, USA

'ELFE' IV®

CLIMBER

Blüte öfterblühend; dichtgefüllt, geviertelt, groß, ø 12 cm; grünliches Cremegelb; leichter Duft
Wuchs 2,5–3 m hoch; aufrecht, buschig
Besonderheit Moderne Nostalgie-Kletterrose; benötigt warmen, sonnig-geschützten Standort; winterhart
Gestaltung für Säulen, Obelisken, Pyramiden, Spaliere, Wände, Pergolen; herrlich als Hochstamm
Züchter Tantau 2000, Deutschland

Ab Juni kann man sich an den ungewöhnlichen Blüten der Nostalgischen Kletterrose 'Elfe' IV® kaum sattsehen. Zu sehr erinnern sie an die dichtgefüllten Blüten Alter Rosen. Leider leiden sie wie so manche von diesen auch unter Nässe, können wie viele weiße und pastellfarbene Blüten rote Flecken erhalten, verbräunen oder verkleben. All dies sollte aber von dieser Rosenschönheit nicht abhalten, denn sie bildet laufend einige Blüten nach, um dann im Herbst mit einem zweiten großen Flor zu entzücken, vorausgesetzt, die wärmeliebende Sonnenanbeterin erhält einen geschützten, luftigen Platz mit viel Sonne. Dies darf allerdings nicht an einer nach Süden gerichteten Hauswand sein, an der angestaute Hitze und Lufttrockenheit jeder Rose unweigerlich schaden.

'ILSE KROHN SUPERIOR'®

CLIMBER

Mit edelrosenartigen Blüten, die einzeln oder in kleinen Büscheln über dem dunklen Laub erscheinen, gilt 'Ilse Krohn Superior'® bis heute als ein Klassiker unter den weißen Kletterrosen. Die anmutige Rose lässt sich auch in großen Kübeln kultivieren oder überbaut als malerischer Hochstamm auf schlankem Fuß Blumen- oder Gemüsebeete. Im Juni erfreut sie mit reichem Flor und blüht anschließend gut nach. Wer hingegen der aufkommenden Vorliebe für nostalgische Blütenformen huldigt, wird sich eher für die neuen, weißen Climber mit romantischem Flair interessieren, wie zum Beispiel 'Uetersener Klosterrose' (Tantau 2006) oder 'Graciosa' (Noack 2002). Unabhängig von der Blütenform bezaubern alle weißen Kletterrosen, wenn sie in der Dämmerung magisch zu strahlen beginnen.

▶ Halbgefüllte, rahmweiße Blüten, die sich nur einmal im Jahr präsentieren, sind das Kennzeichen von 'Direktor Benschop' (Synonyme: 'Direktor Benshop', 'City of York'). Die bis 4,5 m hohe Strauchrose entschädigt dafür aber mit überreichem und lang anhaltendem Flor.

Blüte öfterblühend; dichtgefüllt, edelrosenartig; ø 10 cm; weiß; starker Duft
Wuchs 3 m hoch; aufrecht mit langen, überhängenden Trieben; stark; buschig
Besonderheit gedeiht gut im Halbschatten; gesund und sehr winterhart
Gestaltung für Säulen, Obelisken, Pyramiden, Spaliere, Wände, Pergolen; zauberhaft als Hochstamm; Blüten für Rosenrezepte geeignet
Züchter Kordes 1964, Deutschland

'BOBBIE JAMES'

RAMBLER / Synonym: 'Bobby James'

Blüte einmalblühend; leicht halbgefüllt, ø 5 cm, rahmweiß; süßer Duft

Wuchs bis 9 m hoch; extrem wüchsig

Besonderheit für Halbschatten; in rauen Regionen untere Bereiche im Winter schützen; ovale, dunkelrote Hagebutten

Gestaltung nur für Bäume und große Flächen

Züchter Sunningdale Nurseries 1961, Großbritannien

'Bobbie James' ist ein wüchsiges Prachtexemplar, dessen Einsatz im Garten wohlüberlegt sein sollte. Sie bietet ein malerisches Schauspiel von romantischer Ungezwungenheit, wenn sie Lauben, Pergolen oder Bäume mit ihren dichten, weißen Girlanden überzieht. Dafür müssen die Rankhilfen jedoch äußerst stabil sein. Zierliche oder im Wuchs befindliche Bäume kommen dafür ebenso wenig in Betracht wie aus schlichten Holzlatten gearbeitete Pergolen oder Lauben. Die Rose legt nämlich mit der Zeit enorm an Gewicht zu, das sich im Winter noch erhöht, wenn nasser Schnee auf den dichten Trieben aufliegt. So hat eine 9-jährige 'Bobbie James' eine Laube aus soliden Aluminiumstreben im Winter rundum in die Knie gezwungen und zusammengedrückt.

◀ Wüchsig bis auf 9 m Höhe und ungefüllt wie 'Bobbie James' ist auch die einmalblühende 'Wedding Day', die jedoch reinweiß blüht. Sie überzieht sich im Herbst mit einer Fülle kleiner, roter Hagebutten, die sich gut für Dekorationen eignen.

'SEAGULL'

RAMBLER

Wenn 'Seagull' im Juli den Garten mit ihren weißen Blütenschleiern verhängt, durchzieht sie ihn zugleich mit süßem Duft und eröffnet ein Festmahl für Bienen. Mit Leichtigkeit erklimmt der einmalblühende Rambler bis zu 7 m hohe Bäume. Ihr starker Wuchs wird durch eine nicht minder reiche Blüte begleitet. Aus zitronengelben Knospen entfalten sie sich reinweiß und geben üppige, gelbe Staubgefäße frei. 'Seagull' blüht in so großen, oft rundlichen Büscheln, dass sie das graugrüne Laub darunter fast verdecken. Ein unvergesslicher Anblick! Sie passt in naturnahe oder frei gestaltete Gärten, wo sie Bäume und Sträucher beranken kann – aber auch in eher formale Gärten, wo sie an Laube, Pergola oder Bogen allerdings eine ordnende Hand benötigt, um die Form zu wahren.

▶ Alles was 'Seagull' kann, vermag auch die einmalblühende 'Sander's White Rambler' – allerdings in kleinerem Format. Mit 3,5 m Wuchshöhe eignet sie sich hervorragend für kleine Gärten, niedrigere Bäume, Rosenbögen, Pergolen und Lauben.

Blüte einmalblühend; halbgefüllt; ø 4 cm; weiß; sehr intensiv duftend

Wuchs 4–6 m hoch; stark; vieltriebig

Besonderheit toleriert Halbschatten; kleine, orangerote Hagebutten; mäßig winterhart

Gestaltung für Mauern und freistehende Rankhilfen; in Bäume, Sträucher und über Hecken

Züchter Pritchard 1907, Großbritannien

'RAMBLING RECTOR'

RAMBLER

Mit Leichtigkeit erklimmt die einmalblühende Ramblerrose 'Rambling Rector', die im Bild links zu sehen ist, bis zu 7 m hohe Bäume. Ihr unbekümmerter Wuchs wird durch eine nicht minder reiche Blüte begleitet. Dabei erinnern die weißen Blüten, die in großen Büscheln erscheinen, an pludrige Tuffs. Sie bieten über dem graugrünen Laub einen unvergesslichen Anblick und verströmen dabei Schwaden fruchtig-süßen Dufts. 'Rambling Rector' erweist sich deshalb auch als duftender Schatz an Sitzplätzen unter Bäumen, in die sie klettert, an Lauben und Pavillons oder an Bögen über Bänken. Ein Tipp: Berankt sie wie links einen Solitärbaum, kann man, wenn die Rose gut eingewachsen ist, die unschöne kahle Basis mit einer schwachwüchsigen Efeu-Sorte überdecken.

Blüte einmalblühend; leicht halbgefüllt; klein, ø 3 cm; weiß mit gelben Staubgefäßen; intensiver Duft

Wuchs 5–7 m hoch; stark; buschig

Besonderheit überschäumender Flor; für Nordseiten, Halbschatten und lichtes Waldgelände geeignet; setzt im Spätsommer reichlich kleine Hagebutten an; winterhart

Gestaltung robuste Einsteiger-Rose; klettert in Bäume und über Hecken; wunderschön an Spalieren und Pergolen, Lauben und Pavillons

Züchter unbekannt, schon vor 1910 in Großbritannien

'ADÉLAÏDE D'ORLÉANS'

RAMBLER

Blüte einmalblühend; leicht halbgefüllt; mittelgroß, ø 5 cm; rosa überhauchtes Cremeweiß; süßer Duft
Wuchs 4–5 m hoch; stark mit langen, weichen Trieben; buschig
Besonderheit eleganter, überschäumender Flor; für Nordseiten und Halbschatten geeignet; meist immergrün; winterhart
Gestaltung wunderschön an großen Rosenbögen, Laubengängen, Pergolen und Lauben; klettert in Bäume
Züchter Jacques 1826, Frankreich

Mit ihrem fein nuancierten Farbenspiel und den seidig gerüschten Kronblättern, die sich wie kleine, leicht gefältelte Halskrausen um die Staubgefäße in der Blütenmitte legen, ist 'Adélaïde d'Orléans' eine echte Alte Rose. Die anmutig zerknitterten Blüten erscheinen meist erst im Juli in großen, dichten Büscheln und sehen zusammen mit den rosa Knospen einfach bezaubernd aus. Dank ihrer eleganten Erscheinung wirkt die Ramblerrose herrlich an Lauben, an Rosenbögen (wie in Mottisfont, oben) und Pergolen, kann aber auch gut in Bäume und Sträucher hineinranken. Sehr beliebt war sie in viktorianischer Zeit, wo man sie nicht zu Unrecht zusammen mit anderen aus *Rosa sempervirens* gezüchteten Sorten (wie z. B. 'Félicité et Perpétue') als „Immergrüne Rosen" bezeichnete.

'VENUSTA PENDULA'

RAMBLER

In einem einzigen perlmuttfarbenen Blütenrausch zieht sich 'Venusta Pendula' an dieser einholmigen Pergola durch den Garten. Eine bestechende Gestaltungsidee, um die starkwüchsige Rose auch in kleinen Gärten beherbergen zu können. Sie fungiert dabei nicht nur als Raumteiler und Höhenelement, das dem Garten Räumlichkeit verleiht, sondern auch als romantischer Bilderrahmen, zwischen dessen Blüten-Passepartout sich Garten und Haus in immer neuen Ausschnitten zeigen. Ein weiterer Vorteil: Einholmige Pergolen schattieren nur wenig Grundfläche, sodass an der Pergola Rasen oder Blumenbeete möglich sind. Die weichen Triebe von 'Venusta Pendula' lassen sich ferner auch malerisch über eine Mauer legen oder an stabilen Seilen zu blühenden Girlanden ziehen.

▶ Ebenfalls von Zartrosa zu Weiß changieren die reizend gefüllten, duftenden Blütchen von 'Paul's Himalayan Musk Rambler', einem einmalblühenden Giganten, der sich bis zu 10 m hoch in große, alte Bäume schwingen kann.

BLÜTE einmalblühend; leicht halbgefüllt; klein, ø 4 cm; zartrosa zu Weiß verblassend; ohne Duft

WUCHS 6 m hoch; sehr stark

BESONDERHEIT für Nordseiten und Halbschatten; einzelne, kugelige Hagebutten; gute Winterhärte

GESTALTUNG klettert in Bäume; für Spaliere, Lauben und Pergolen; am Wasser oder in lichten Waldgärten

ZÜCHTER alte Sorte, wieder eingeführt durch Kordes 1928, Deutschland

'MAY QUEEN' I
RAMBLER

Blüte einmalblühend; lockergefüllt; mittelgroß, ø 6 cm; zartrosa mit violettem Hauch; süßer Duft
Wuchs 3–4 m hoch; stark; buschig, langtriebig
Besonderheit reichblühende, robuste Einsteiger-Rose; für Nordseiten und Halbschatten geeignet; winterhart
Gestaltung klettert in Bäume; wunderschön an Spalieren, Pergolen und Lauben; bezaubernde Kaskadenrose
Züchter Manda 1898, USA

Im Unterschied zu den klein- und büschelblütigen Ramblern gibt es auch eine Gruppe von Ramblerrosen, deren größere Blüten fast an Climber erinnern. Dabei handelt es sich durchweg um Kreuzungen von *Rosa wichuraiana* mit großblütigen Hybriden. Sie entstanden alle um die vorletzte Jahrhundertwende, wobei sich in Frankreich Barbier und in den USA Manda als Züchter besonders hervortaten. 'May Queen' I ist die erste der Manda-Sorten und erhielt ihren Namen aufgrund ihres frühen Blühbeginns. Mit ihren weichen Trieben und den leicht hängenden Blüten sieht die liebliche Rose an Pergolen und Lauben in Sitzplatznähe besonders reizend aus, weil man dort Schönheit und Duft der Blüten aus nächster Nähe und in Augenhöhe genießen kann.

◄ Mit großen, lockergefüllten, rosa Rüschen überzieht sich zur Blütezeit im Juni/Juli auch 'Johanna Röpke'. Es ist erstaunlich, dass die robuste, eindrucksvolle Ramblerrose, die bis 4 m hochrankt, etwas in Vergessenheit geraten ist.

'NEW DAWN'

RAMBLER

'New Dawn' ist ein Star unter den Kletterrosen – ohne die Allüren einer Diva. Ununterbrochen von Juni bis zum Herbst bezaubert die Ramblerrose mit edelrosenartigen Blüten, deren hauchzartes Perlmuttrosa sich malerisch vom dichten, dunklen, glänzenden Laub abhebt. Sie bewährt sich an Fassaden und Mauern, soweit diese nicht direkt nach Süden ausgerichtet sind, ebenso wie an Rosenbögen, Pergolen, Lauben oder Obelisken. Ihr anhaltender Flor in hauchzartem Rosa sorgt nicht nur für romantische Gartenszenerien, sondern harmoniert auch erstaunlich gut mit allen anderen Blütenfarben. Traumhaft ätherische Impressionen entstehen, wenn 'New Dawn' mit einer hellblauen *Clematis* (wie 'Blue Angel') oder mit der ähnlich hellrosa blühenden 'Nelly Moser' kombiniert wird.

▶ Noch größere, zartrosa gefüllte Blüten besitzt 'Mme de Sancy de Parabère', eine historische Boursault-Rose. Bis 4 m hoch klettert sie an stachellosen Trieben und blüht nur einmal, aber in verschwenderischer Fülle und mit betörendem Duft.

Blüte öfterblühend; lockergefüllt; ø 9 cm; porzellanrosa; duftend
Wuchs 3–4 m hoch; stark; buschig
Besonderheit traumhafte Einsteiger-Rose; lange dicht belaubt; regenfest; hitzetolerant; für Halbschatten und Gefäßkultur; sehr winterhart
Gestaltung für Mauern und frei stehende Rankhilfen; herrlich als Kaskadenrose
Züchter Somerset Nursery 1930, USA

‘DÉBUTANTE’ I

RAMBLER

Blüte einmalblühend; dichtgefüllt; mittelgroß, ø 5 cm; rosa; süßer Duft
Wuchs 3 m hoch, 2 m breit; stark; buschig, verzweigt
Besonderheit blüht erst im Juli; für Halbschatten geeignet; setzt im Spätsommer reichlich kleine Hagebutten an; winterhart
Gestaltung klettert in Bäume; wunderschön an Spalieren, Pergolen, Obelisken und Pyramiden; herrlich als Hochstamm
Züchter Walsh 1902, USA

Ein solch rosiger Laubenreigen aus aneinandergefügten Bögen ist aus Platzgründen wohl nur in parkähnlichen Gärten möglich. Dennoch sollte man bei der Gestaltung mit Rosen nicht vorschnell resignieren, denn Kletterrosen bieten eindrucksvolle Lösungen gerade in kleinen Gärten. In dieser Laube von Mottisfont Abbey zeigen die rosa ‘Débutante’ I und die dunkelviolettrote ‘Bleu Magenta’ das unterschiedliche Blütenmuster von Ramblern in aparter Abwechslung. Während die etwas größeren Blüten von ‘Débutante’ I eher wie Einzelblüten für verspielt-luftige Impressionen sorgen, erscheint der dichtgefüllte, dunkle Flor von ‘Bleu Magenta’ in riesigen, dichten Büscheln. Meisterlich ist diese Kombination auch deshalb, weil die beiden einmalblühenden Sorten gleichzeitig erst im Juli blühen.

'MARIA LISA'

Synonyme: 'Maria Liesa', 'Maria Lise' / RAMBLER

Mit ihren kleinen Wildrosenblüten, die sich in Büscheln dicht aneinanderdrängen, erinnert 'Maria Lisa' an eine rosafarbene *Rosa multiflora*, die tatsächlich zu ihren Vorfahren zählt. Mit heiterer Lebhaftigkeit erfüllt die Rose den Garten, wenn sie im Juni/Juli ihre gut haltbaren Blütchen öffnet. Wunderbar können dazu weiße, dunkel- und violettrote Rosen und Stauden sowie blauviolette *Clematis* diese Wirkung unterstreichen. Aber auch an Rosenbögen über Wegen, an Laubengängen, Lauben oder in Sitzplatznähe bewährt sich 'Maria Lisa', da ihre stachellosen Triebe niemand behindern oder verletzen können. Im Spätsommer sorgen kleine, rote, birnenförmige Hagebutten noch einmal für Farbakzente, die auch Kaskadenrosen reizend aussehen lassen.

▶ Ebenfalls mit weißem Auge blinzeln die halbgefüllten, duftenden Blütchen von 'Veilchenblau' an bis zu 4,5 m langen, stachellosen Trieben der Sonne entgegen. Dabei durchlaufen sie ein Farbenspiel von Karminrot über Lila zu Grauviolett.

BLÜTE einmalblühend; einfach; ø 2 cm; rosarot mit weißem Auge; zarter Duft
WUCHS 2–3 m hoch; stark; stachellose Triebe
BESONDERHEIT für Halbschatten; kleine Hagebutten; nicht für raue Lagen geeignet
GESTALTUNG für Rosenbögen, Lauben, Pergolen, Pyramiden und Obelisken; auch an Bäumen; nicht an sonnigen Hauswänden; reizend als Hochstamm
ZÜCHTER Liebau 1925, Deutschland

'SUPER EXCELSA', 'SUPER DOROTHY'

RAMBLER

Blüte öfterblühend; dichtgefüllt; ø 3 cm; leuchtend karminrot; ohne Duft
Wuchs 2–3 m hoch; dünn- und weichtriebig; buschig
Besonderheit ADR-Prädikat 1991; gute Winterhärte
Gestaltung geeignet als überhängender Bodendecker, am Zaun; geeignet als Kletterrose an Obelisken, Pyramiden, Säulen, Rosenbögen und kleinen Spalieren; herrlich als Kaskadenrose
Züchter Hetzel 1986, Deutschland

Parallel zum kühlen Karminrosa von 'Super Excelsa' (im Bild links) kam 1986 mit wärmeren Rottönen auch 'Super Dorothy' (im Bild rechts) auf den Markt. Die zierlichen Rambler haben außer der Farbe die gleichen Eigenschaften und sind robustere Nachzüchtungen der weltbekannten, aber mehltauanfälligen Sorten 'Dorothy Perkins' und 'Excelsa' (Synonym: 'Red Dorothy Perkins'). Beide Sorten beginnen oft erst im Juli zu blühen, dann aber überschwänglich und ziehen mit ihren frischen Blütenfarben alle Blicke auf sich. Als Kaskadenrosen ergießen sie ihre Blütentriebe bis zum Boden, während sie als Rambler für kleine Gartenakzente wie Säulen, Pyramiden oder Obelisken in Frage kommen. Malerisch sehen sie aber auch aus, wenn sie sich strauchig über einen Zaun lehnen.

◀ Mit zu den bewährtesten blutroten Ramblern zählt 'Chevy Chase', deren dichtgefüllte, duftende Blütchen in Büscheln ab Juli entflammen. Auf bis 6 m kann sich die farbstarke Einsteiger-Rose hochschwingen.

‘RUSSELIANA’

Synonyme: ‘Old Spanish Rose’, ‘Russell’s Cottage Rose’ / RAMBLER

So malerisch es aussieht, wenn zwischen Hauswand und Terrasse eine Pflanzstelle für eine Kletterrose ausgespart wird – nicht jede Sorte ist dafür geeignet, vor allem, wenn es sich dabei um lufttrockene, heiße Südterrassen handelt. Auch die Ramblerrose ‘Russeliana’ gedeiht wie andere Multiflora-Hybriden nicht gut an Südwänden. In luftiger Ost- oder Westlage entwickelt sie sich hingegen zu voller Pracht, zumal wenn sie wie im Beispiel oben von silberlaubigen Vexiernelken (*Lychnis coronaria*) in gleichen Blütenfarben begleitet wird. Mit ihrem etwas rustikalen Charme fügt sich die Sorte ferner als Strauch gut in ländliche oder große naturnahe Gärten ein, sei es als Zaungast oder als weithin leuchtender Solitär, der mit dem nuancenreichen Farbenspiel seiner Blüten fasziniert.

Blüte einmalblühend; gefüllt; flach; mittelgroß, ø 5 cm; purpurviolett, später aufhellend; herrlich duftend

Wuchs 6 m hoch; stark; buschig

Besonderheit robuste Einsteiger-Rose; krankheitsresistent; für Nordseiten und Halbschatten geeignet; sehr winterhart

Gestaltung klettert in Bäume; wunderschön an Pergolen und Lauben oder als überhängender Strauch

Züchter vermutlich um 1840, Spanien

Weitere Synonyme ‘Scarlet Grevillei’, ‘Souvenir de la Bataille de Marengo’

‘ALBÉRIC BARBIER’

RAMBLER

So ungezwungen ‘Albéric Barbier’ dieses Starenheim mit ländlichem Charme umrankt, allein die Wahl der Sorte verrät Stil. Denn der gelbliche Farbton der Hausfassade findet sich wieder im cremegelben Inneren der Rose. Wer eine Kletterrose für Mauern und Hausfassaden auswählt, erzielt malerische Effekte, wenn Hintergrund und Blütenfarbe fein aufeinander abgestimmt werden. Mit ihren duftenden, im Spätsommer remontierenden Blüten beschert die Ramblerrose ‘Albéric Barbier’ dem Betrachter ein zeitlich versetztes Farben- und Formenspiel, das sie sehr lebendig macht. Während der Flor von Gelblich zu Rahmweiß aufhellt, nehmen ihre edelrosenartigen Blüten eine Sternform an, indem sich die äußeren Blütenblätter zurückschlagen und einrollen.

Blüte remontierend; dichtgefüllt; groß, ⌀ 8 cm; anfangs gelblich, später cremeweiß mit gelblich überhauchter Mitte; herrlich duftend

Wuchs 5 m hoch; sehr stark; buschig, ausladend mit langen, biegsamen Trieben

Besonderheit robuste und romantische Einsteiger-Rose; gesund; für Nordseiten und Halbschatten geeignet; winterhart

Gestaltung klettert in Bäume; wunderschön an Pergolen, Bögen und Lauben; zauberhafte Kaskadenrose; an Böschungen auch als Bodendecker verwendbar

Züchter Barbier 1900, Frankreich

▼ Mit der Fülle ihrer großen, romantischen Blüten bezaubert auch die einmalblühende, bis 4 m hohe ‘Alchymist’. Die dichtgefüllten, duftenden Blütenrosetten in Apricot- und Rosatönen verleihen ihr das Flair Alter Rosen.

'GOLDFINCH'

RAMBLER

Blüte einmalblühend; halbgefüllt; flach; mittelgroß, ø 6 cm; anfangs aprikosengelb, später zu Cremeweiß verblassend; leicht duftend

Wuchs 3 m hoch; buschig mit langen, weichen Trieben

Besonderheit robuste Einsteiger-Rose mit fast stachellosen Trieben; im Spätsommer kugelrunde Hagebutten; sehr winterhart

Gestaltung ideal für kleine Gärten; klettert in kleine Gehölze; wunderschön an Pergolen und Lauben oder als überhängender Strauch; malerisch als Kaskadenrose

Züchter W. Paul 1907, Großbritannien

Die einmal- und überreichblühende 'Goldfinch' ist eine der wenigen gelbtonigen Ramblerrosen. Aus aprikosenfarbenen Knospen entfalten sich im Juni/Juli Dolden primelgelber Blüten, die zu Rahmweiß aufhellen und süßen Schlüsselblumenduft verströmen. Die frisch erblühten Rosetten präsentieren ein markantes Büschel gelber Staubgefäße, das sich im fortgeschrittenen Blühstadium schwarz verfärbt. So überzieht sich 'Goldfinch' während seiner ganzen Blütezeit mit einem variantenreichen Farbenspiel von gelben und weißen Nuancen, das an einem vollsonnigen Platz weit weniger lebhaft ausgeprägt ist, da die Blüten hier sehr schnell zu Weiß verblassen. Am schönsten kommt das Farbenspiel im lichten Schatten oder im Halbschatten zur Geltung.

'GHISLAINE DE FÉLIGONDE'

RAMBLER

'Ghislaine de Féligonde' weicht nicht nur durch ihre gelbe Blütenfarbe vom Schema der Ramblerrosen ab, sie ist auch öfterblühend und weit weniger himmelsstürmend als die meisten anderen. Ihr graziler Wuchs und die Fähigkeit, nach der ersten Blüte im Juni/Juli im Spätsommer noch einmal reich nachzublühen, macht sie zu einem Glanzstück für kleine Gärten. So wundert es umso mehr, weshalb diese Rose mit ihrem bezaubernden Charme immer noch wenig bekannt ist. Freilich: Wer nach der Blüte versäumt, die abgeblühten Dolden mit der Schere zu entfernen, wird durch eine schwache Nachblüte enttäuscht. Besonders zauberhaft sieht sie aus, wenn sie als Kaskadenrose Wege und Sitzplätze flankiert oder im Beet auf schlankem Fuß auch Blüten in die erste Etage zaubert.

▶ Wie bei 'Ghislaine de Féligonde' changiert auch bei der einmalblühenden, bis 3 m hohen 'Madeleine Seltzer' (Synonym: 'Yellow Tausendschön') das Farbenspiel der dichtgefüllten Blüten von Gelb zu Weiß – allerdings in einem helleren Zitronenton.

BLÜTE remontierend; lockergefüllt; flach; ø 5 cm; orangegelb mit rosa Hauch, später rahmweiß aufhellend; zart duftend

WUCHS 2–3 m hoch; buschig

BESONDERHEIT reizende Einsteiger-Rose; für Nordseiten und Halbschatten; fast stachellos; winterhart

GESTALTUNG wunderschön an Säulen, Pyramiden, Bögen; als Strauch- und Bodendecker geeignet; zauberhaft als Kaskadenrose

ZÜCHTER Turbat 1916, Frankreich

STRAUCH-ROSEN

Die Blüten der bis 2 m hohen Strauchrose 'Fritz Nobis', die auch als Parkrose gilt, faszinieren mit einem delikaten Farbspiel von Zartrosa zu Perlmuttweiß.

STRAUCHROSEN

Strauchrosen und ihre Merkmale

Wie ihr Name andeutet, wachsen Strauchrosen in der Regel buschig mit steif aufrechten oder bogig überhängenden Trieben und erreichen dabei eine Gesamthöhe von 1,2 bis 3 m. Sorten mit weichen, langen Trieben eignen sich auch als Kletterrosen an Obelisken oder Säulen. Ein wichtiges Unterscheidungsmerkmal ist ihr Blührhythmus. Die meisten Modernen Strauchrosen blühen öfter, manche gar dauernd. Andere blühen nur einmal – meistens im Frühsommer und faszinieren im Herbst dafür mit Hagebutten. Die Blüten können alle Rosenfarben und Farbenspiele aufweisen, einfach, halb- oder dichtgefüllt sein und decken auch mit ihren Formen das ganze Spektrum ab. Dennoch unterliegen Moderne Zierstrauchrosen zeitgenössischen Trends. Waren zur Hochzeit der Edelrose auch bei den Strauchrosen große, edelrosenartige Blüten in leuchtenden Farben gefragt, so liegen derzeit romantisch nostalgische Blüten voll im Trend.

Seite 92/93

Wenn der Mai seinem Ende zusteuert, geht Besitzern von 'Marguerite Hilling' das Herz auf. Mit ihren süß duftenden, rosa Blüten wirkt die ausladende Parkrose, ein Sport von 'Nevada' (S. 100/101), in naturnahen Bereichen besonders romantisch, wie hier mit einem Fußvolk blauer Kornblumen.

Was sind Parkrosen?

So werden häufig die Abkömmlinge von Wildrosen bezeichnet, die noch viel vom natürlichen Charme ihrer Vorfahren besitzen, keinerlei Pflege beanspruchen, extrem frosthart sind und durch einen schönen geschlossenen Wuchs und große Ausmaße eine Einzelstellung in großen Gärten oder am Zaun verlangen. Viele tragen einfache oder halbgefüllte Blüten und blühen nur einmal, überraschen aber im Herbst mit einem reichen Hagebuttenansatz.

Öfterblühende nostalgische Strauchrosen bilden zauberhafte Beethintergründe. Hier neigen sich die dichtgefüllten, duftenden Blüten der Englischen Rose 'Graham Thomas' (S. 113) zur Blauen Katzenminze (*Nepeta × faassenii*) herab.

Im Trend: Moderne Nostalgie-Rosen

Moderne Zierstrauchrosen erleben derzeit ein großes Comeback, das mit den Englischen Rosen begann. Diese Züchtungen des Engländers David Austin begeistern mit öfterblühenden Blüten, die in Farben, Formen und Duft das nostalgische Flair Alter Rosen besitzen. Dieser Erfolg inspirierte die Rosenzüchter weltweit, eigene Sorten zu züchten, bei denen sich ein dekorativer, nicht zu ausladender Wuchs, romantische Blütenformen, Duft und herrliche Farbenspiele mit Öfterblütigkeit, Winterhärte und robuster Gesundheit verbinden. Viele dieser Rosen findet man in eigenen Serien, die je nach Züchter unterschiedliche Namen tragen: „Romantica Rosen" (Meilland), „Märchenrosen" (Kordes), „Nostalgische Blütenträume" (Tantau),„Souvenirs d'Amour, Malerrosen" (Delbard), „Old Master Rosen" (Rosen-Union) usw.

Der Schnitt einmalblühender Strauchrosen

Moderne einmalblühende Strauchrosen werden nicht geschnitten. Ältere Pflanzen sollte man jedoch jährlich auslichten sowie abgestorbene, kranke und erfrorene Triebe entfernen.

Der Schnitt öfterblühender Strauchrosen

Moderne öfterblühende Strauchrosen blühen zuerst am diesjährigen Holz, später an den sich aus den abgeblühten Trieben neu entwickelnden Seitenzweigen. Ein Frühjahrsschnitt sollte nicht entfallen, da er neben einem schönen gebändigten Wuchs auch einen reichen Blütenansatz garantiert. Dazu lichtet man an der Basis einen bis zwei überalterte Triebe aus und kürzt die anderen ein. Kräftige werden um ein Drittel, schwächere um zwei Drittel zurückgenommen. Damit alle Triebe optimales Licht erhalten, sollte die Silhouette der Rose nach dem Schnitt eine stufige Pyramidenform zeigen.

'SCHNEE-WITTCHEN'®

ZIERSTRAUCHROSE / Synonyme: 'Iceberg', 'Fée des Neiges'

Ab Juni, wenn sich die Blüten der anmutigen Rose in Büscheln aus rosa überhauchten Knospen öffnen, erstrahlt der Garten selbst an trüben Tagen. Bis zum Frost blüht 'Schneewittchen' dann fleißig nach, wobei sie sich als hitzeverträglich erweist. Die regenfesten Blüten nehmen bei kühler Witterung einen rosa Schimmer an. Die Rose selbst sollte optimale Standortbedingungen erhalten, da sie anfällig für Sternrußtau ist. Märchenhaften Charme entfaltet sie mit violetten und pastellfarbenen Begleitern oder in weiß-gelben Kombinationen – vor allem als Hochstammrose inmitten eines Blumenbeets oder als kletternder Sport 'Climbing Schneewittchen' an einer Rankhilfe. Damit der Folgeflor reich ausfällt, sollten abgeblühte Büschel knapp über dem ersten voll ausgebildeten darunterstehenden Blatt entfernt werden.

Blüte öfterblühend; halbgefüllt; ø 8 cm; weiß; duftend
Wuchs 1,2 m hoch; aufrecht, breitbuschig
Besonderheit Weltrose 1983; für Halbschatten geeignet; winterhart
Gestaltung für Beete, Hecken; wunderschön als Hochstamm
Züchter Kordes 1958, Deutschland

'WINCHESTER CATHEDRAL'®

ZIERSTRAUCHROSE, ENGLISCHE ROSE / Synonyme: 'White Mary Rose', 'Winchester'

Blüte öfterblühend; gefüllt; schalenförmig; ø 10 cm; weiß; starker Duft
Wuchs 1,2 m hoch; aufrecht, buschig; kompakt
Besonderheit robust, für Halbschatten geeignet; winterhart
Gestaltung für Beete, Hecken; ideal für kleine Gärten
Züchter Austin 1988, Großbritannien

'Winchester Cathedral'® genießt zusammen mit der etwas niedrigeren 'Glamis Castle' den Ruf, eine der besten weißen Englischen Rosen zu sein. Sie trägt nicht nur das nostalgische Flair Alter Rosen in den Garten, sondern erweist sich dort auch als gesunder, öfterblühender Strauch. Kein Wunder, ist sie doch eine Mutation der rosafarbenen 'Mary Rose'® (S. 130/131), die zu den robustesten Englischen Rosen zählt. Aus rosa Knospen entfaltet 'Winchester Cathedral' große Blüten mit lebhaft gewellten Kronblättern, die in Büscheln an gut verzweigten Trieben stehen. Mit ihrem sanften Weiß und der oft cremefarbigen Mitte fügt sie sich gut in jede Gartensituation ein. Den romantischen Charakter der Blüten unterstreichen Partner in Blauviolett oder Pastelltönen malerisch.

◀ Mit weißem und rosa Perlmutt-Schimmer überzieht sich auch 'Pearl Drift'. Die öfterblühende Strauchrose, die nur 90 cm hoch, aber viel breiter wird, macht sich in Rabatten und Beeten ebenso gut wie als Solitär oder Bodendecker. Von ihr ist auch ein kletternder Sport 'Pearl Drift Climbing' im Handel.

'FLORA ROMANTICA'

Synonym: 'Mon Jardin & Ma Maison' / ZIERSTRAUCHROSE, ROMANTICA ROSE

An gerüschte Spitzenröckchen erinnern die rosettenartig gefüllten Blüten von 'Flora Romantica', die mit ihrem zum Rand hin verblassenden Cremeweiß ab Juni den Strauch magisch illuminieren. Sie faszinieren jedoch nicht nur mit Duft und Schönheit aus der Nähe, sondern entwickeln mit ihrem lichtdurchfluteten Farbton über dem dunklen Laub auch eine große Fernwirkung. 'Flora Romantica' kann also auch als Überraschungselement in einen hinteren Gartenteil gepflanzt werden. Findet sie dort gute Boden- und Lichtverhältnisse vor, dankt sie es mit glänzendem Laub, das vor allem gegen Mehltau eine gute Resistenz aufweist. Duftsucher und Romantiker können die Rose nicht nur neben eine Bank pflanzen, sondern auch an einem Bogen darüber wie eine Kletterrose ziehen.

▶ Nostalgische Rosenträume verkörpert auch die 1996 von Guillot-Massad gezüchtete 'Martine Guillot'. Ihre weißen, duftenden Kugelblüten bezaubern am bis 1,3 m hohen Strauch in üppigen Büscheln bis zum Herbst.

Blüte öfterblühend; dichtgefüllt; ø 7 cm; gelblich; duftend

Wuchs 1,5 m hoch; aufrecht, breitbuschig

Besonderheit für luftig-sonnige Standorte; regenfest; winterhart

Gestaltung für Beete, als Solitär, in Gruppen

Züchter Meilland 1998, Frankreich

'NEVADA'

ZIERSTRAUCHROSE, PARKROSE

In Rosenkatalogen wird 'Nevada' oft als wunderbare Parkrose gerühmt. Damit bezeichnet man Abkömmlinge von Wildrosen, die noch viel vom natürlichen Charme ihrer Vorfahren besitzen. Wie 'Nevada' tragen viele einfache oder halbgefüllte Blüten und benötigen weder ein Ausputzen der Blüten noch einen Formschnitt oder Winterschutz. Meist handelt es sich um große, ausladende Sträucher mit einem geschlossenen Wuchs, die am schönsten in Einzelstellung wirken. Dies alles trifft für 'Nevada' ebenso zu wie für ihre rosafarbene „Schwester" 'Marguerite Hilling', die aus einer Mutation hervorging. Beide lassen sich an Rankhilfen auch wie Kletterrosen ziehen und sollten, um ihre Blühfreudigkeit zu erhalten, alle 6 bis 8 Jahre bis auf 10 cm zurückgeschnitten werden.

Blüte etwas remontierend; einfach; ø 12 cm; rahmweiß
Wuchs 2 m hoch; aufrecht, breitbuschig, ausladend
Besonderheit für Halbschatten geeignet; sehr winterhart
Gestaltung für naturnahe Gärten; für Hecken; als Solitär; an Zäunen, Wasser und Gehölzrändern
Züchter Dot 1927, Spanien

▼ Auch wenn die Blüten von 'Jacqueline du Pré' 'Nevada' in Farbe, Größe und Form ähneln, unterscheidet sich die 1989 von Harkness gezüchtete Strauchrose doch in anderen Eigenschaften: Sie blüht öfter und passt mit 1,2 m Höhe auch gut in kleine Gärten. Wegen ihrer Qualitäten erhielt sie von der Royal Horticultural Society den „Award of Garden Merit".

‘ROKOKO’ II®

ZIERSTRAUCHROSE

Blüte öfterblühend; lockergefüllt; ø 8 cm; cremegelb mit rosa Hauch; leicht duftend
Wuchs 1,4 m hoch; aufrecht
Besonderheit hitzetolerant; regenfest; sehr winterhart
Gestaltung für elegante oder romantische Gärten; für Beete, Hecken; bezaubernd als Hochstamm
Züchter Tantau 1987, Deutschland

Ihr Name ist Programm! Bei ‘Rokoko’ II® mit ihren romantisch gewellten Kronblättern gesellt sich zum märchenhaften Flair längst vergangener Tage auch ein Touch von Lieblichkeit und eleganter Finesse. Deshalb passt sie in einen Landhausgarten ebenso gut wie in ein frei gestaltetes, verwunschenes Refugium oder in einen noblen Stadtgarten. Voraussetzung ist jedoch ein in Licht und Boden optimaler Rosenstandort. Die Triebe lassen sich auch an einer Pyramide oder einem Obelisken im Beet emporleiten. Ob als formiertes Höhenelement oder als frei wachsender Strauch, man sollte ‘Rokoko’ II® nicht mit Begleitern in lauten, grellen Farben vergesellschaften. Wunderschön sind Stauden in Blauviolett, Aubergine, Weiß, Gelb, Lachs sowie Gräser und Blattschönheiten in Gelb- und Blaugrün.

'FRÜHLINGSDUFT'

Synonym: 'Spring Fragrance' / ZIERSTRAUCHROSE, PARKROSE

'Frühlingsduft' gilt als eine der schönsten sogenannten Frühlings-Sorten. Dies sind Züchtungen von Kordes, die um die Mitte des letzten Jahrhunderts aus Kreuzungen mit der Bibernellrose (*Rosa spinosissima* syn. *R. pimpinellifolia*) hervorgingen. Ihre Namen, die alle Komponenten wie „Frühling" oder „Mai" enthalten, beziehen sich auf die frühe Blütezeit. Wer sie sich in den Garten holt, kann schon Ende Mai in ihrem süßen Duft schwelgen. Die lockergefüllten Blüten von 'Frühlingsduft' mit dem nostalgischen Farbenspiel von feinen Creme-, Apricot- und Rosatönen erfreuen manchmal durch eine schwache, spätsommerliche Nachblüte. Der gesunde Strauch kann auch an Pyramiden, Obelisken und Bögen wie eine Kletterrose aufgeleitet werden und erreicht dann gut 3 m.

▶ Auch 'Maigold' ist eine einmalblühende Frühlings-Sorte. Ihre aprikosengelben Blüten erscheinen im Mai und duften betörend. Die Triebe des bis 2,5 m hohen Strauchs klettern auch an Bögen, Obelisken und Säulen.

Blüte einmalblühend; lockergefüllt; ø 7 cm; cremeweiß mit gelber Mitte, rosa überhaucht; stark duftend
Wuchs 3 m hoch; überhängend, breitbuschig
Besonderheit robuste Einsteiger-Rose; für Halbschatten und Gehölzränder geeignet; sehr winterhart
Gestaltung für Beete, Gruppenpflanzung und als Solitär; zauberhaft bei Gehölzen; auch als Kletterrose
Züchter Kordes 1949, Deutschland

'ABRAHAM DARBY'®

ZIERSTRAUCHROSE, ENGLISCHE ROSE / Synonyme: 'Abraham', 'Country Darby'

Blüte remontierend; dichtgefüllt; schalenförmig; ø 10 cm; gelbliches Apricot mit rosa Hauch; stark duftend
Wuchs 1,5–2 m hoch; stark; aufrecht, gut verzweigt
Besonderheit robuste Einsteiger-Rose; hitzetolerant; regenfest; winterhart
Gestaltung für Beete, als Solitär und Gruppe; als Kletterrose geeignet
Züchter Austin 1985, Großbritannien

Im Juni quellen aus den runden, apricotfarbenen Knospen die großen Blüten von 'Abraham Darby'® und erfüllen ganze Gartenteile mit ihrem betörenden Duft und dem nuancenreichen Farbenspiel. Die nach außen hin vergehenden Töne der Kronblätter und die dichtgefüllte, rundliche Form verleihen den Blüten eine romantische Note und das zauberhafte Flair Alter Rosen. 'Abraham Darby'® passt wunderbar in den Hintergrund einer Rabatte oder eines Blumenbeets, das sie auch an einer Pyramide oder einem Obelisken zieren kann. Mit ihren Trieben, die an Rankgerüsten bis zu 3 m Länge erreichen, macht die Rose an Spalieren oder einem Rosenbogen einer Kletterrose alle Ehre. In kleinen Gärten kann man sie platzsparend als malerischen Hochstamm genießen.

◀ Reich und in duftigem Apricotrosa erscheinen auch die Blüten der kleinen, buschigen 'Ambridge Rose'. Die öfterblühende Englische Rose eignet sich mit 75 cm Höhe bestens für kleine Gärten, für Blumenbeete und Rabatten.

'SCHLOSS EUTIN'®

ZIERSTRAUCHROSE, MÄRCHENROSE

Mit Farbe und Blütenform huldigt 'Schloss Eutin'® dem aktuellen Trend zu nostalgischen Rosen. Kein Wunder, dass ihr Züchter sie im Rahmen der Sortengruppe seiner „Märchenrosen“ herausbrachte. Alle Rosen dieser Gruppe zeichnen sich durch wunderschön gefüllte Blüten aus, die an Alte Rosen erinnern. Dabei blühen sie öfter und reich und sind als Pflanzen pflegeleicht und gesund. Diese pastellzarten Rosen kann man auch mit Partnern in kräftigen und dunklen Tönen kombinieren. Je lauter und greller deren Farbton allerdings ist, in desto geringerer Menge wird er eingesetzt. Denn die Begleiter sollen die duftigen Blüten der Rosen mit ihren kontrastreichen Blütenfarben nur untermalen und in Szene setzen, nicht jedoch ihnen Konkurrenz machen oder sie gar erdrücken.

▶ Den Charme dichtgefüllter Alter Rosen fängt auch 'Colette' ein. Ihre aparten, goldbraunen Blüten erscheinen in üppiger Pracht und verströmen einen starken, süßen Duft. Die öfterblühende, bis 2 m hohe Strauchrose zählt zu den Modernen Romantica Rosen Meillands.

Blüte öfterblühend; lockergefüllt; ø 8 cm; zart apricotfarben mit dunkler Mitte; zart duftend

Wuchs 1,2 m hoch; aufrecht, breitbuschig

Besonderheit robust; winterhart

Gestaltung für Blumenbeete, Rabatten; als Solitär und Gruppe

Züchter Kordes 2005, Deutschland

'WESTERLAND'®

ZIERSTRAUCHROSE / Synonym: 'Kordes' Rose Westerland'

Schon beim Austrieb im Frühjahr fasziniert 'Westerland'® mit seiner Farbigkeit. Pflanzenfarbstoffe (Anthozyane) schützen die zarten Blätter vor der Sonne und färben sie anfangs dunkelrot. Später geht dieser Laubton in glänzendes Dunkelgrün über. Herrlich heben sich die farbenprächtigen Blüten von dem dunklen Laub ab. Dabei gehen ihre anmutig gewellten Kronblätter von kräftigen Gold- und Orangetönen in ein pastelliges Spektrum über, zu dem sich viel Rosa gesellt. Nach der ersten Blüte im Juni blüht 'Westerland'® leicht nach, um dann oft im Herbst einen noch reicheren Blütenrausch zu entfachen, der bis zum Schneefall anhalten kann. Dadurch bleiben die Triebe lange weich und können weit zurückfrieren. Nach einem Rückschnitt im Frühling treibt die Rose aber wieder kräftig aus.

Blüte öfterblühend; lockergefüllt; ø 10–12 cm; gelblich lachs- bis rosafarben; stark duftend
Wuchs 1,5 m hoch; stark; aufrecht, breitbuschig
Besonderheit ADR-Prädikat 1974, pflegeleichte Einsteiger-Rose; regenfest; hitzetolerant; winterhart
Gestaltung für Blumenbeete, Rabatten; als Solitär und Gruppe
Züchter Kordes 1969, Deutschland

‘RUGELDA’®

ZIERSTRAUCHROSE

Blüte öfterblühend; lockergefüllt; ø 9 cm; gelb mit rotem Rand; duftend
Wuchs 2 m hoch; stark; aufrecht; buschig
Besonderheit ADR-Prädikat 1992; gesund; toleriert Halbschatten; sehr winterhart
Gestaltung im Hintergrund von Blumenbeeten und Rabatten; als Solitär, Gruppe; ideal für dichte Hecken
Züchter Kordes 1989, Deutschland

Der öfterblühenden Strauchrose ‘Rugelda’® sieht man die Vitalität förmlich an. Als sei sie dem Feuer zu nahe gekommen, zeigen ihre im Juni sich entfaltenden, großen Blüten einen roten Rand. Und damit beginnt ein farbenfrohes Schauspiel bis zum Herbst. Neben roten, edelrosenähnlichen Knospen öffnen sich von Orange zu Goldgelb mutierende Blüten in Büscheln, die mit der Zeit zitronengelb aufhellen und den Blick auf orangefarbene Quasten von Staubgefäßen freigeben. Da all diese Entwicklungsphasen der Blüten zeitlich zu beobachten sind, wirkt ‘Rugelda’® heiter und lebhaft. Der buschige, dicktriebige Strauch ist stark bestachelt und wächst schnell bis zu 2 m hoch zu undurchdringlichen Hecken heran. Im Frühjahr sollte man die Triebe um ein Drittel einkürzen.

◀ Mit ähnlich lebensfrohen Impressionen fasziniert auch ‘Bonanza’, deren lockergefüllte Blüten an die kess gerüschten Röcke der Damen aus Western-Saloons erinnern. Die ebenfalls ADR-prämierte, bis 2 m hohe, öfterblühende Strauchrose blüht leuchtend gelb mit rotem Rand.

'JOSEPH'S COAT'®

ZIERSTRAUCHROSE

Ein farbenprächtiges Feuerwerk entzündet 'Joseph's Coat'® ab Juni mit seinen großen, in Büscheln erscheinenden Blüten. Aus dunkelroten Knospen entfaltet sich ein Flor, dessen Rosarot in ein orangefeuriges Blütenzentrum übergeht, sich nach und nach in Orange und noch helleres Goldgelb lichtet und der Rose zu spektakulärer Farbigkeit verhilft. Aufgrund bestachelter Triebe und dichten Wuchses lässt sich aus mehreren Exemplaren der Sorte eine wehrhafte Hecke pflanzen. Aber auch im Hintergrund einer gemischten Rabatte kann 'Joseph's Coat'® großartige Effekte erzielen in Ton-in-Ton-Kombinationen mit Begleitern in Gelb, Orange oder Karminrot. In kleinen, sonnigen Bereichen oder Gärten klettert die Rose an Obelisken, Pyramiden, Bögen oder kleinen Spalieren mit bis zu 3 m langen Trieben empor.

Blüte öfterblühend; locker-gefüllt; ø 10 cm; kirschrot, flammend orange und goldgelb; betörender Duft

Wuchs 2 m hoch; aufrecht, überhängend

Besonderheit als Kletterrose und für Gefäßkultur geeignet; benötigt Winterschutz

Gestaltung im Hintergrund von Blumenbeeten und Rabatten; als Solitär, Gruppe oder Hecke; als Kletterrose und an Böschungen

Züchter Armstrong & Swim 1964, USA

'LICHTKÖNIGIN LUCIA'®

ZIERSTRAUCHROSE / Synonyme: 'Lucia', 'Reine Lucia'

'Lichtkönigin Lucia'® ist die klassische Grande Dame unter den gelben Strauchrosen. Sie blüht überschwänglich an einem kompakt-buschigen Strauch und ist dabei weder zimperlich noch empfindlich. Im Juni entfaltet sie aus sattgelben, edelrosenartigen Knospen ihre lockergefüllten Blüten, die sehr lange halten und allmählich in pastelliges Zitronengelb übergehen. Die Blüten stehen auf kurzen, kräftigen Stielen über dem dunklen Laub, sodass die Rose eine große Fernwirkung erzielt. In Blumenbeeten und Rabatten bildet 'Lichtkönigin Lucia'® einen leuchtenden Hintergrund, der mit fast allen Farben harmoniert. Welch duftiges Schauspiel ihre unterschiedlichen Gelbnuancen mit Sommersalbei (*Salvia nemorosa*) eingehen, zeigt die nebenstehende Gartensituation.

Blüte öfterblühend; gefüllt; ø 9 cm; kräftig zitronengelb; leichter Duft

Wuchs 1,5 m hoch; straff aufrecht; buschig

Besonderheit ADR-Prädikat 1968; pflegeleichte Einsteiger-Rose; regenfest; hitzetolerant; sehr winterhart

Gestaltung für Blumenbeete, Rabatten, Hecken; schön als Solitär und Gruppe

Züchter Kordes 1966, Deutschland

'DOUBLE YELLOW'
ZIERSTRAUCHROSE

Blüte einmalblühend; halbgefüllt; ø 6 cm; hellgelb; zart duftend
Wuchs 1,2 m hoch, ebenso breit; überhängend
Besonderheit blüht schon im Mai; robust; toleriert Halbschatten; starke Ausläuferbildung; sehr winterhart
Gestaltung für naturnahe Gärten, als Solitär, Gruppe oder Hecke
Züchter Naturform: halbgefüllte, gelbe Bibernellrose (*Rosa spinosissima*)

Gelb in Gelb fängt diese Pflanzkombination die Strahlen der Frühlingssonne ein. Zu Füßen der einmalblühenden, halbgefüllten, alten Strauchrose geben sich Gelber Lerchensporn (*Pseudojumaria lutea*) und Waldscheinmohn (*Meconopsis cambrica*) ab Mitte Mai ein fröhliches Stelldichein. Neben dieser Naturform gibt es weitere, sehr ähnliche Sorten, die auch schon Ende Mai blühen und oft ebenfalls schwarze Hagebutten ansetzen – ein untrügliches Zeichen, dass sie Bibernellrosen-Blut in sich tragen. Sehr ähnlich sind 'Williams' Double Yellow', die durch Williams 1828 in Großbritannien herauskam und *Rosa* × *harisonii* (Synonyme: 'The Yellow Rose of Texas', 'Harison's Yellow', 'Yellow Sweet Briar'), die 1830 im Garten von G. H. Harison in New York gefunden wurde.

◀ Den unverfälschten Charme eines Naturkindes besitzt auch 'Canary Bird', deren ungefüllte, sonnengelbe Blüten sich bereits ab Anfang Mai öffnen. An den überhängenden Trieben der über 2 m hohen Rose erscheint im Herbst schwarzer Hagebutten-Schmuck.

'THE PILGRIM'

Synonym: 'Gartenarchitekt Günther Schulze' / ZIERSTRAUCHROSE, ENGLISCHE ROSE

Gelbe Rosen sind fast immer etwas empfindlicher und anspruchsvoller als andere. Umso mehr verdient 'The Pilgrim' hervorgehoben zu werden. Mit ihren seidigen Blüten, die zum Rand hin ätherisch verblassen, ist sie zweifellos nicht nur eine der schönsten, sondern auch der verlässlichsten Englischen Rosen, wenn sie bei Boden und Licht optimale Bedingungen erhält. Da ihr Wuchs sehr schlank und straff ausfällt, sollte man möglichst zwei bis drei Exemplare zusammenpflanzen. In Blumenbeeten und Rabatten harmoniert sie dank ihres Farbtons mit allen Farben, sollte aber nicht durch zu viele Nachbarn in lauten Farben in ihrer Wirkung beeinträchtigt werden. Eine Besonderheit weist die zarte Schönheit noch auf: Gelegentlich bildet sie Blüten direkt am Trieb.

BLÜTE öfterblühend; dichtgefüllt; ø 6 cm; weiches Gelb, am Rand verblassend; duftend

WUCHS 1 m hoch; straff aufrecht

BESCHREIBUNG reichblühend; benötigt Winterschutz

GESTALTUNG für kleine Gärten, Stadtgärten; in Beeten, Rabatten; als Solitär oder Gruppe

ZÜCHTER Austin 1991, Großbritannien

▶ Der reine Gelbton, der reiche Flor ihrer becherförmigen Blüten und ihr köstlicher Teerosenduft machten 'Graham Thomas' zur begehrtesten Englischen Rose. Die 1,2 m hohe Sorte lässt sich sogar zur Kletterrose ziehen.

'BUFF BEAUTY'

ZIERSTRAUCHROSE

Wie anmutig sich die langen Triebe von 'Buff Beauty' lenken lassen, stellt sie hier am Geländer einer Brücke unter Beweis. Sehr schön kommen im Zusammenklang mit 'Albéric Barbier' (links am Geländer) ihre changierenden Apricottöne zur Wirkung. Wenn die beliebte Moschata-Hybride im Juni in üppigen Büscheln erblüht, leuchten ihre runden, bauschigen Blüten intensiv aprikosengelb, um dann mit der Zeit zu verblassen, als wollten sie in einem gelblichen Elfenbeinton ihr Leben verhauchen. Da 'Buff Beauty' bis zum Herbst ununterbrochen blüht, ist sie ein besonderer Appetizer fürs Auge und eignet sich bestens zum „Umgarnen" von exponierten Blickfängen. Allerdings sollte man sie in kalten Regionen im Winter sorgsam schützen.

Blüte öfterblühend; dichtgefüllt; ø 9 cm; apricot bis hellgelb; betörender Duft

Wuchs 1,5 m hoch, ebenso breit; überhängend

Besonderheit toleriert Halbschatten; als Kletterrose und für Gefäßkultur geeignet; benötigt Winterschutz

Gestaltung im Hintergrund von Beeten und Rabatten; als Solitär, Gruppe oder Hecke; als Kletterrose und an Böschungen

Züchter Pemberton (oder Bentall) 1939 (eventuell auch 1919), Großbritannien

▼ In zauberhaften Apricotnuancen blüht auch 'Charles Austin'. Ihre großen, duftenden Schalenblüten verblassen mit der Zeit, erscheinen aber an bis 1,5 m langen Trieben meistens ein zweites Mal. Die Englische Rose lässt sich auch kletternd ziehen. Soll sie als Strauch in Form bleiben, kürzt man ihre Triebe im Frühjahr um die Hälfte ein.

'BISCHOFSSTADT PADERBORN'®

ZIERSTRAUCHROSE / Synonyme: 'Kordes' Rose Bischofsstadt Paderborn', 'Fire Pillar', 'Paderborn'

Blüte öfterblühend; einfach- bis halbgefüllt; ø 8 cm; scharlachrot; leichter Duft
Wuchs 1,8 m hoch; aufrecht; buschig verzweigt
Besonderheit ADR-Prädikat 1968; robuste Einsteiger-Rose; für Gefäßkultur geeignet; winterhart
Gestaltung im Hintergrund von Blumenbeeten und Rabatten; als Solitär oder Gruppe; für Hecken und Kübelkultur geeignet
Züchter Kordes 1964, Deutschland

Von den flammend roten Blüten dieser öfterblühenden Strauchrose geht eine Signalwirkung aus, denn das intensive Scharlachrot von 'Bischofsstadt Paderborn'® und ihr reicher Blütenansatz wirken auch auf die Ferne. Die Rose erweist sich mit ihrem imposanten, geschlossenen Wuchs in mittelgroßen und großen Gärten als Schmuckstück. Dort kann sie auch im Hintergrund des Gartens einen markanten Blickfang bilden und entfernte Gartenteile optisch heranziehen. In kleinen Gärten sollte man ihre Wahl und Platzierung sehr gründlich bedenken, denn die ausladende Sorte beansprucht nicht nur reichlich Platz, sondern drängt mit ihrem leuchtenden Ziegelrot visuell nach vorne und erzeugt Nähe, sodass ein kleines Refugium noch kleiner erscheint.

◀ Mit einfachen, scharlachroten Blüten, die später in Karminrot übergehen, überzieht sich auch 'Scharlachglut' (Synonyme: 'Scarlet Fire', 'Scarlet Glow'). Die bis 2,5 m hohe Rose tröstet im Herbst mit dekorativen, kirschgroßen Hagebutten über ihre einmalige Blüte hinweg.

'EYEPAINT'®

ZIERSTRAUCHROSE

Munter „äugeln" die zweifarbigen Blüten von 'Eyepaint'® dem Betrachter entgegen. Die Rose hat etwas von der Unaffektiertheit eines Landkindes, nichts an ihr ist prestigesüchtig. Sie passt hervorragend in sonnige Vorgärten, die sie mit unbekümmerter Lebhaftigkeit erfüllt, in vitale Bauerngärten oder als farbkräftiger Akzent in Countrygärten. Ihre leichten Blüten, die in großen Büscheln zusammenstehen, erscheinen in reichen Schüben bis zum Herbst, vorausgesetzt, die Rose hat einen Standort, an dem sie ohne Hitzestau viel Sonne erhält. Auch der Boden sollte optimal, also locker und lehmig-humos sein, um gut Feuchtigkeit speichern zu können. In zu trockenen Böden und an weniger guten Standorten neigt 'Eyepaint'® zu einem Befall mit Sternrußtau.

▶ Ein mehrfarbiges Leuchtfeuer von Rot über Orange zu Gelb entfacht auch diese nur 80 cm hohe Rose von McGredy. Die hochprämierte Schönheit ist unter vielen Namen bekannt, wie 'Stretch Johnson', 'Rock 'n' Roll', 'Tango' oder 'MACfirwal'.

BLÜTE öfterblühend; einfach; ø 4 cm; scharlachrot mit weißer Mitte und Büscheln gelber Staubgefäße; zarter Duft

WUCHS 1–1,4 m hoch; aufrecht; buschig, verzweigt

BESONDERHEIT für Gefäßkultur geeignet; winterhart

GESTALTUNG in Blumenbeeten und Rabatten; als Solitär, Gruppe oder Hecke

ZÜCHTER McGredy 1976, Neuseeland

'ROTER KORSAR'®

ZIERSTRAUCHROSE / Synonyme: 'Red Corsar', 'Korrumalu'

Blüte öfterblühend; halbgefüllt; ø 9 cm; dunkelrot; kaum duftend
Wuchs 1,5 m hoch; buschig breit; stark; leicht überhängend
Besonderheit ADR-Prädikat 2005; pflegeleichte Einsteiger-Rose; gesund; hitzetolerant; regenfest; winterhart
Gestaltung im Hintergrund von Beeten und Rabatten; an Zäunen; als Solitär oder Gruppe
Züchter Kordes 2004, Deutschland

'Roter Korsar'® ist eine neue öfterblühende Strauchrose, die alles andere als zimperlich ist und sich durch die Leuchtkraft ihrer dunkelroten Blüten auszeichnet. Zieht man sie wie hier am Haus, sollte dies allerdings weder vor reinen Südwänden geschehen, die um die Mittagszeit zu extremer Hitze und Lufttrockenheit neigen, noch unter Dachüberständen, da selbst so robuste Sorten wie 'Roter Korsar'® unter einer Tropftraufe erkranken können. An allen anderen Plätzen entwickelt sich die Rose schnell zu einem Prachtstück im Garten mit herrlichen Blüten in großen Büscheln, die auch bei viel Sonne nicht verblauen. Entfernt man regelmäßig alles Abgeblühte, motiviert dies die Rose zu umso reicherem Blütenansatz. Wer will, kann ihre Triebe übrigens auch an Obelisken, Pyramiden, Säulen oder Bögen hochleiten.

◀ Ein imposanter Klassiker unter den blutroten Strauchrosen ist 'Grandhotel'® mit großen, samtigen, edelrosenartigen Blüten. Die bis 1,8 m hohe ADR-Rose blüht in Schüben bis zum Herbst und ist sehr frosthart.

'FONTAINE'®

Synonyme: 'Fountain', 'Red Prince' / ZIERSTRAUCHROSE

Wegen ihrer delikaten, edelrosenartigen Knospen und Blüten gilt Vielen 'Fontaine'® als die eleganteste der blutroten Strauchrosen. Darüber hinaus währt das blumige Schauspiel den ganzen Sommer, denn die meist in großen Büscheln erscheinenden Blüten sind sehr lange haltbar und regenfest und blühen bis zum Frost nach. An Standorten mit heißer Mittagssonne können sie allerdings verbrennen. In großen, frei gestalteten Gärten hat die Rose einen besonderen Auftritt, wenn man sie als frei stehende Parkrose verwendet. Pflanzt man dazu zwei bis drei Exemplare zusammen, bildet die Rose mit ihren kräftigen Trieben einen riesigen Strauch. Will man sie hingegen in einem kleinen Garten bändigen, kann man sie in die Mitte eines Obelisken setzen und die Triebe locker herumleiten.

▶ Eine klassische, bis 1,5 m hohe Strauchrose in samtigem Blutrot ist auch 'Dirigent'® (Synonym: 'The Conductor'). Die Blüten sind allerdings nur mittelgroß und halbgefüllt, präsentieren sich jedoch in großen Dolden und reicher Fülle bis zum Frost.

Blüte öfterblühend; lockergefüllt; ø 10–12 cm; samtig blutrot

Wuchs 1,5 m hoch; kräftig, aufrecht; verzweigt

Besonderheit ADR-Prädikat 1971; robuste Einsteiger-Rose; regenfest; als Schnittrose geeignet, da langstielig; winterhart

Gestaltung im Hintergrund von Beeten und Rabatten; als Solitär oder Gruppe

Züchter Tantau 1970, Deutschland

'F. J. GROOTENDORST'

ZIERSTRAUCHROSE / Synonym: 'Red Grootendorst'

Blüte öfterblühend; gefüllt; ungewöhnlich gefranst; ø 4 cm; karmesinrot; kaum duftend
Wuchs 1,5 m hoch; aufrecht; buschig mit stark bestachelten Trieben
Besonderheit sehr gesund und robust; toleriert Halbschatten; für Gefäße geeignet; sehr winterhart
Gestaltung in Blumenbeeten und Rabatten; für naturnahe Gärten, als Parkrose; ideal für Hecken
Züchter de Goey 1918, Niederlande

Eine Besonderheit in der Rosenwelt sind die kleinen, gefransten, an Nelken erinnernden, roten Blüten von 'F. J. Grootendorst', die in riesigen, überhängenden Büscheln von Juni bis Juli und nochmals von August bis Oktober erscheinen. Ihre Form führte auch zur Bezeichnung „Nelkenrose“. Interessant für den Gärtner ist, dass es zu dieser roten Sorte auch eine rosafarbene ('Pink Grootendorst') und eine weiße ('White Grootendorst') Mutation gibt, die miteinander eine farblich reizende Gruppe ergeben. 'F. J. Grootendorst' ist eine Hybride der Kartoffelrose (*Rosa rugosa*) und bildet wie diese einen buschigen, stacheligen Strauch, der sich bestens für Hecken oder Gehölzränder eignet. Das geaderte Laub ist krankheitsresistent und verfärbt sich im Herbst gelborange.

◀ 'Robusta' ist ebenfalls eine sehr frostharte, für Hecken wie Beete geeignete Rugosa-Hybride. Der bis 1,8 m hohe, aufrechte Strauch entzündet seine einfachen, wetterfesten, blutroten Blüten im gleichen zweifachen Blüh-Rhythmus wie 'F. J. Grootendorst'.

'ASTRID GRÄFIN VON HARDENBERG'®

Synonym: 'Nuit de Chine' / ZIERSTRAUCHROSE, NOSTALGIE-STRAUCHROSE

Wegen ihres berauschenden Dufts wurde 'Astrid Gräfin von Hardenberg'® schon gleich nach ihrem Erscheinen prämiert. Aber auch ihre rundlich-schalenförmig gefüllten Blüten mit dem geheimnisvollen Schwarz-Rot, das zur Blütenmitte hin violett überhaucht erscheint, lassen die Herzen von Rosenliebhabern höher schlagen. Diese Rose ist pure Nostalgie und verbreitet das Flair herrschaftlicher Noblesse. Und danach möchte sie auch behandelt werden: Sie benötigt viel Licht ohne Mittagssonne und einen optimalen Boden, denn sie ist relativ anfällig. Am besten bereits nach dem Blattaustrieb vorbeugend mit einem Fungizid spritzen und später regelmäßig alle von Mehl- oder Sternrußtau befallenen Blätter auch vom Boden entfernen. Soll sie kompakt wirken, pflanzt man zwei bis drei Exemplare zusammen.

▶ Eine Nostalgie-Rose, die sich ebenfalls Purpurtönen verschrieben hat, und diese mit weißen und rosa „Pinselstrichen" auflockert, ist die Malerrose 'Henri Matisse'. Ihr Züchter Delbard nennt sie seinen ganzen Stolz, weil sie Schönheit, Duft und Gesundheit vereint.

Blüte öfterblühend; dichtgefüllt; schalenförmig; ø 7 cm; dunkelbordeauxrot; starker, betörender Duft
Wuchs 1,5 m hoch; locker; lange, überhängende Triebe
Besonderheit hitzetolerant; herrliche Schnittblume; benötigt optimalen Standort und Winterschutz
Gestaltung für Blumenbeete und Rabatten; als Solitär und Gruppe
Züchter Tantau 2001, Deutschland

'RED EDEN ROSE'

ZIERSTRAUCHROSE, ROMANTICA ROSE / Synonyme: 'Eric Tabarly', 'Red Pierre'

Blüte öfterblühend; sehr dichtgefüllt; ø 8 cm; dunkles Johannisbeerrot; intensiver Duft
Wuchs 1–1,5 m hoch; aufrecht; buschig
Besonderheit pflegeleicht; hitzeverträglich; für Gefäßkultur geeignet; winterhart
Gestaltung in Blumenbeeten und Rabatten; als Solitär und Gruppe; geeignet zum Klettern; bezaubernd als Hochstamm
Züchter Meilland 2003, Frankreich

'Red Eden Rose' lässt romantische Rosenträume in Erfüllung gehen. Mit den gleichen, dichtgefüllten, ballförmigen Blüten, wie man sie von 'Eden Rose '85'® (siehe S. 128) her kennt, ist sie im Nu zum Publikums-Liebling avanciert. Dazu verleiht ihr das ledrig-glänzende Laub eine gute Resistenz gegen Mehltau und Sternrußtau. An einem sonnigen Platz gedeiht 'Red Eden Rose' auch gut in großen Kübeln, zum Beispiel neben der Haustür oder auf der Terrasse. Für Minigärten empfiehlt sie sich als Hochstamm, der mit Lavendel oder honigsüßem Frauenmantel unterpflanzt eine bezaubernde Liaison für Auge und Nase eingeht. Die Sorte lässt sich aber auch noch anderweitig als schlankes Höhenelement einsetzen, indem man die Triebe an Obelisken, Pyramiden oder Säulen emporleitet.

'FISHERMAN'S FRIEND'

Synonym: 'Gardener's Friend' / ZIERSTRAUCHROSE, ENGLISCHE ROSE

Mit Englischen Rosen und ihrem Züchtungsziel Blütenformen und -farben der Alten Rosen mit Öfterblütigkeit und robuster Gesundheit in neuen Sorten zu vereinen, begann der Boom der romantischen Nostalgie-Rosen. 'Fisherman's Friend' entspricht diesem Ziel in vieler Hinsicht. Die Sorte erinnert an die geheimnisvollen, tiefen Rottöne mancher Gallica-Rosen. Zudem verströmen ihre dichtgefüllten Blüten, die anfangs schalenförmig aufgebauscht sind und sich später zu nostalgischen Rosetten abflachen, den betörenden Duft Alter Rosen. Dabei blühen sie mit kleinen Unterbrechungen von Juni bis zum Herbst. Leider ist die Sorte etwas anfällig für Sternrußtau und Rosenrost. Dazu bei ersten Anzeichen mit einem Fungizid spritzen und befallene Blätter entfernen.

▶ Ein schwerer Duft entsteigt auch den tief karminroten Blüten von 'Chianti', die direkt mit der Gallica-Rose 'Tuscany' (S. 37) verwandt ist. Die einmalblühende Englische Rose ist robust und erreicht 1,5 m in Höhe und Breite.

Blüte öfterblühend; dichtgefüllt; ø 10 cm; dunkles Granatrot, am Rand karminrot; intensiver Duft
Wuchs 1,2 m hoch; aufrecht; verzweigt mit stark bestachelten Trieben
Besonderheit toleriert Halbschatten; hitzeverträglich; für Gefäßkultur geeignet; winterhart
Gestaltung in Blumenbeeten und Rabatten; als Solitär und Gruppe; geeignet für Hecken und Vase
Züchter Austin 1987, Großbritannien

'FRITZ NOBIS'

ZIERSTRAUCHROSE, PARKROSE

Rosenliebhaber mit großen Gärten sollten sich 'Fritz Nobis' nicht entgehen lassen. Mit ihrem bis 2 m hohen, geschlossenen und elegant überhängenden Wuchs ist sie die Parkrose par excellence und verbreitet trotz üppiger Ausmaße mädchenhafte Anmut, sei es als Solitär in naturnahen oder frei gestalteten Gärten, am Zaun oder als Hecke. Im Beispiel oben duften im Juni ihre lachsrosa Blüten mit den zartlila Fontänen des Schmalblättrigen Sommerflieders (*Buddleja alternifolia*) an der Gartengrenze um die Wette. Aber auch Besitzer kleiner Gärten müssen nicht auf sie verzichten, wenn sie sie an Bögen, Spalieren, Pergolen und Lauben emporleiten. Dies bietet den Vorteil, Duft und Schönheit der Blüten sowie später die reizenden kleinen Hagebutten in Augen- und Nasenhöhe zu genießen.

Blüte einmalblühend; gefüllt; ø 8 cm; blass- bis lachsrosa; intensiver Duft
Wuchs bis 2 m hoch und breit; stark; überhängend; buschig
Besonderheit sehr lang- und reichblühend; robuste Einsteiger-Rose; hitzeverträglich; toleriert Halbschatten; reicher Hagebutten-Ansatz; winterhart
Gestaltung als Solitär und Gruppe; an Gehölzrändern; für Hecken; als Kletterrose geeignet
Züchter Kordes 1940, Deutschland

▼ Mit etwas dunklerer Mitte im aparten Perlmuttrosa warten auch die nostalgischen Blüten der 'Bremer Stadtmusikanten' (Synonym: 'Pearl') auf. Die gesunde, goldprämierte Sorte wächst aufrecht und kräftig bis 2 m.

'MOZART'

ZIERSTRAUCHROSE

Blüte öfterblühend; einfach; ø 3 cm; rosa mit weißem Auge; kein Duft
Wuchs 0,8–1,2 m hoch; buschig, überhängend
Besonderheit gesund; hitzeverträglich; Blüten haben das ideale Format zum Einfrieren in Eiswürfel; winterhart
Gestaltung in Blumenbeeten und Rabatten; für naturnahe Gärten; als Solitär und flächiger Bodendecker; für Hecken und Gefäße
Züchter Lambert 1937, Deutschland

Die Miniblüten von 'Mozart' präsentieren sich nie einzeln, sondern in riesigen Tuffs an den bogig überhängenden Trieben von Juni bis Oktober. Kleinblütige und zweifarbige Rosen, auch solche mit weißem Auge wie 'Mozart', gewinnen optisch durch ein ruhiges, großzügiges Umfeld. Im Garten oben ist dies beispielhaft zu erkennen. Eingebettet zwischen dem einheitlichen Grün der Schnitthecke und dem Grau-Beige von Kiesweg, Urne und Podest erhält die kleine Strauchrose Prägnanz und Eigengewicht, sodass die gleichfarbige Pelargonie in der Urne nicht als unruhig empfunden wird, sondern das Bild perfekt abrundet. Aber nicht nur die Rose gewinnt durch diese Gestaltung, auch das eintönige Grün und der lineare Fuß der Hecke werden durch zwei Sträucher von 'Mozart' anmutig aufgelockert.

◄ Die gleich hohe, ADR-prämierte 'Pink Meidiland'® (Synonym: 'Pink Meillandecor') blüht in ähnlichem Farbmuster. Dabei hellt der kirschrosa Saum ihrer Blüten zartrosa auf, sodass die reich- und dauerblühende Kleinstrauchrose frischen, lebendigen Liebreiz gewinnt.

‘CENTENAIRE DE LOURDES’®

Synonyme: ‘Mrs Jones’, ‘Delge’ / ZIERSTRAUCHROSE

‘Centenaire de Lourdes’® ist nicht nur eine robuste und reichblühende Rose von großer Leuchtkraft, sondern in gestalterischer Hinsicht auch ein bezaubernder Allrounder. Als Dauerblüher bildet sie im Hintergrund von Beeten und Rabatten eine farbige Dauerkulisse oder lässt sich geschmeidig an Säulen und Obelisken in die Vertikale leiten. Als anmutiger Raumteiler und als Hecke kann sie mit floralem Charme Gartenkabinette abteilen. Und selbst Plätze mit verschlossenem Boden vermag sie im Kübel zu erobern – sei es als Strauch oder als Kaskadenrose. ‘Centenaire de Lourdes’® präsentiert ihre großen, rosa Blüten in lockeren Büscheln. Diese wirken duftig belebt, da sich mit der Zeit die äußeren Kronblätter aufhellen, während sich die inneren im Zentrum der Blüten seidig über die Staubgefäße wölben.

▶ Große, rosa Blüten in reicher Fülle setzt bis zum Herbst auch die 1,5 m hohe, ausladende Strauchrose ‘Erfurt’ an. Da die Blütenblätter jedoch an ihrer Basis in Weiß und Lichtgelb übergehen, vermittelt der duftende Flor einen zweifarbigen Eindruck.

Blüte öfterblühend; halbgefüllt; ø 10 cm; rosa; intensiv duftend

Wuchs 1–1,4 m hoch; aufrecht; überhängend

Besonderheit Einsteiger-Rose; gesund; hitzeverträglich; regenfest; für Halbschatten geeignet; Winterschutz in kalten Regionen

Gestaltung in Blumenbeeten und Rabatten; als Solitär, Gruppe; für Gefäße und Hecken; als Säulen- und Kaskadenrose

Züchter Delbard-Chabert 1958, Frankreich

'EDEN ROSE '85'®

ZIERSTRAUCHROSE, ROMANTICA ROSE / Synonyme: 'Pierre de Ronsard', 'Eden '88'

Blüte öfterblühend; sehr dichtgefüllt; ballförmig; ø 10 cm; zartrosa, in der Tiefe und nach außen cremefarbig; leichter Duft
Wuchs 1–1,5 m hoch; breitbuschig; verzweigt; überhängend
Besonderheit Weltrose 2006; regenfest; hitzeverträglich; benötigt sonnigen Standort und optimalen Boden; winterhart
Gestaltung in Blumenbeeten und Rabatten; an Zäunen; als Solitär und Gruppe; geeignet zum Klettern und für Gefäße; bezaubernd als Hochstamm
Züchter Meilland 1985, Frankreich

Dem hymnischen Rosendichter Pierre de Ronsard widmete der Züchter Meilland 1985 eine öfterblühende, wüchsige Strauchrose, die in Deutschland 'Eden Rose '85'® heißt. Mit kugelig gefüllten, seidigen Blüten, deren Rosa zur Blütenmitte hin dunkler wird, verkörpert sie den Inbegriff der romantisch-nostalgischen Rose. Da die großen, schweren Blüten am Strauch meist nickend überhängen, kann man sie besser genießen, wenn die Triebe der Rose an Pfeilern von Pergolen, Bögen, Säulen, Obelisken oder Pyramiden emporgeleitet und locker fixiert werden. Und für all diejenigen, die glauben, keinen Platz mehr für eine Strauchrose im Garten zu finden, bietet sich 'Eden Rose '85'® als Hochstamm an, der am besten vor der Terrasse, in Sitzplatznähe oder über einem Blumenbeet thront.

'RAUBRITTER'

Synonym: 'Macrantha Raubritto' / ZIERSTRAUCHROSE

Die zauberhaften, kleinen Blüten von 'Raubritter' erinnern mit ihrer Ballform an winzige Bourbon-Rosen. Die erst spät im Juli erscheinenden Blüten öffnen sich einzeln oder in Büscheln entlang der Vorjahrestriebe und bezaubern durch eine lange Blütezeit. Auch wenn dabei ihr kräftiges Rosa silbrig aufhellt, so behalten sie doch die Kugelform bei. 'Raubritter' ist eine ganz besondere Rose. Ihre Triebe liegen weich über, sodass sich der Strauch dekorativ hinlagert und ohne Halt breiter als hoch wird. Leitet man die Triebe hingegen an einem Rankgerüst in die Höhe, können sie bis zu 3 m Länge erreichen. Der girlandenartige Blütenbesatz und die Frosthärte der Sorte machen sie vor allem jedoch zu einer wochenlang über und über blühenden Kaskadenrose, die sich im Garten als wahres Kleinod erweist.

▶ Mit kleinen, nur leicht gefüllten, aber schalenförmig gebauschten, rosa Blüten verströmt auch die nur 1 m hohe 'Angela' das Flair romantischer Rosen und blüht dabei ununterbrochen bis zum Herbst.

Blüte einmalblühend; gefüllt; ballförmig; ø 5 cm; silbrig überhauchtes Purpurrosa; leichter Duft
Wuchs 2–3 m; breit hingelagert; weiche Triebe; Rambler-Typ
Besonderheit nicht regenfest; hitzeverträglich; gedeiht im Halbschatten; sehr winterhart
Gestaltung in Beeten, an Terrassenrändern, an Zäunen; als Rambler an Bögen, Pergolen; als Kaskadenrose
Züchter Kordes 1936, Deutschland

‘MARY ROSE’®

ZIERSTRAUCHROSE, ENGLISCHE ROSE

Am lebhaften Rosa ihrer Blüten lässt ‘Mary Rose’® bereits etwas von ihrer Vitalität erahnen. Auch wenn das klare, moderne Pinkrosa ihrer großen Blüten nicht ganz die sanften Nuancen Alter Rosen erreicht, entschädigt die Englische Rose doch mit Zuverlässigkeit und Robustheit. Hinzu kommt ein buschig verzweigter Wuchs, der ihr eine ausnehmend schöne Gestalt verleiht. So bildet ‘Mary Rose’® von Juni bis in den Herbst eine attraktive, fast dauerblühende Kulisse oder Hecke hinter Lavendel-Rabatten, in Blumenbeeten oder leicht übergeneigt am Zaun. Mit ihrem frischen Rosa passt sie auch gut in Bauerngärten. Als Hochstamm und im Kübel macht sie vollends auf sich aufmerksam, indem sie Blütenwolken in die Vertikale oder in vorwiegend architektonische Bereiche trägt.

Blüte öfterblühend; dichtgefüllt; schalenförmig; ø 10 cm; reines Rosa, später verblassend; leichter Duft

Wuchs 1–1,5 m hoch; aufrecht; breitbuschig; verzweigt mit stark bestachelten Trieben

Besonderheit pflegeleichte Einsteiger-Rose; regenfest; hitzeverträglich; toleriert Halbschatten; winterhart

Gestaltung in Blumenbeeten und Rabatten; an Zäunen; als Solitär und Gruppe; für Hecken und Gefäße; bezaubernd als Hochstamm

Züchter Austin 1983, Großbritannien

'CRESSIDA'

ZIERSTRAUCHROSE, ENGLISCHE ROSE

Blüte remontierend; dichtgefüllt; ø 12 cm; zartes Apricotrosa; intensiver Duft
Wuchs 1,8–2,5 m hoch; stark; aufrecht
Besonderheit optimaler Standort, sonst zögerliche zweite Blüte; etwas anfällig für Mehltau; in rauen Regionen Winterschutz
Gestaltung in Blumenbeeten und Rabatten; an Zäunen; als Solitär, Gruppe und Hecke; bezaubernd als Kletterrose
Züchter Austin 1983, Großbritannien

'Cressida' vermag Rosenmärchen zu erzählen. Im Rosenmonat Juni entfaltet sie ihre großen, anfangs fast ballförmigen Blüten in hinreißendem Apricotrosa, die sich später zu etwas flacheren Schalen weiten. Dabei verblassen die äußeren Blütenblätter und schlagen sich unregelmäßig zurück. Zur hinfälligen Zartheit der Blüten gesellt sich ein ungewöhnlich kräftiger Wuchs mit langen, starken, stacheligen Trieben. Die Englische Rose verdankt ihn ihrem *Rugosa*-Elternteil, der über 2,5 m hohen Strauch- und Parkrose 'Conrad Ferdinand Meyer'. Kein Wunder, dass auch die Tochter spielend 1,8 m erreicht. Den schönsten Auftritt hat 'Cressida' wohl, wenn sie wie eine Kletterrose Bögen, Säulen oder Pyramiden erklimmt, sodass man ihre nickenden Blüten in Augen- und Nasenhöhe genießen kann.

◀ Eine malerische Einsteiger-Rose und eine der bewährtesten Englischen Rosen zugleich ist 'Heritage', deren duftende, muschelrosa Blüten gut nachblühen. Der 1,2 m hohe, kompakte Strauch lässt sich an Rankhilfen auch in die Höhe leiten.

'ROSE DES CISTERCIENS'

ZIERSTRAUCHROSE, MALERROSE

Als Malerrose von Delbard erstrahlt 'Rose des Cisterciens' nicht nur in vielfältigen Farbtönen, sondern überrascht als einzige Sorte dieser Gruppe auch mit einer ungewöhnlichen Blütenform. Dabei umschließen weit offene, stark gefranste Kronblätter ein dichtgefülltes, kugeliges Blütenzentrum, das sich nur langsam öffnet. Die Malerrosen sind das Ergebnis großer Züchterkunst und farbenfrohen Experimentierens. Inspiriert vom Impressionismus zeigen ihre Blüten wie von Pinselstrichen hingetupfte Farben in einem sich ständig wandelnden Schauspiel. So weisen alle Blüten von 'Rose des Cisterciens' pastellige Nuancen von Gelb, Orange und Rosa auf, wobei keine der anderen gleicht. Bis zum Herbst verzaubern sie in prächtigen Dolden mit betörendem Duft – auch in der Vase.

▶ Auch die gesunde, 1 m hohe Englische Rose 'Lilian Austin' brilliert in einem mehrtonigen Farbenspiel, bei dem die rosa Blüten aus der goldgelben Mitte heraus zu glühen scheinen. Bis zum Herbst blühen sie mit süßem Duft nach.

Blüte öfterblühend; dichtgefüllt; ø 12 cm; pastelliges Gelb, Orange und Rosa; intensiver Duft

Wuchs 1–1,2 m hoch; überhängend

Besonderheit hitzeverträglich; benötigt optimalen Standort, Pflege und Winterschutz

Gestaltung mit Partnern in anderen Pastelltönen; als Solitär und Gruppe; bezaubernd als Hochstamm und Schnittrose

Züchter Delbard 1998, Frankreich

‘PENELOPE’

ZIERSTRAUCHROSE

Malerisch eingebettet zwischen Gehölzen und Stauden, wie gelber Königskerze (Verbascum-Hybride ‘Gainsborough’) und Echtem Wermut (*Artemisia absinthium* ‘Lambrook Silver’) ist die aufrecht-buschige Moschata-Hybride ‘Penelope’. Ihre großen Blüten öffnen sich Anfang Juni mit lachsrosa Mitte, um dann allmählich vom Rand her cremeweiß mit apricot-rosa Hauch zu verblassen. Sie duften so herrlich und erscheinen so reichlich in großen Büscheln bis zum Frost, dass Vita Sackville-West vorschlug, eine Dufthecke allein aus der 1,5 m hohen ‘Penelope’ zu pflanzen. Allerdings ermöglichen der üppige Flor und ihr ungezwungener Wuchs der Rose einen so eindrucksvollen Auftritt, dass sie sich auch im Alleingang zwischen Stauden und anderen Rosen behaupten kann.

Blüte öfterblühend; halbgefüllt; ø 10 cm; lachs- bis zartrosa, später gelblich rahmweiß; herrlicher Duft
Wuchs 1,5 m hoch; kräftig; aufrecht; breitbuschig; verzweigt
Besonderheit romantische Einsteiger-Rose; für Halbschatten und Gefäßkultur geeignet; etwas anfällig für Mehltau; malerische Hagebutten im Herbst
Gestaltung in Blumenbeeten und Rabatten; an Zäunen; als Solitär, Gruppe und Hecke
Züchter Pemberton 1924, Großbritannien

▼ Von duftigstem Lachsrosa überhaucht, erstrahlt auch die cremeweiße ‘Vogelpark Walsrode’®, deren rote „Sommersprossen“ typische Regenschäden sind. Die ADR-prämierte Einsteiger-Rose wird 1,5 m hoch. Sie blüht reich im Juni/Juli und nochmals im Spätsommer.

BEET- UND EDELROSEN

BEET- UND EDELROSEN

Edelrosen einst und heute

Man bedient sich gerne des Datums von 1867 als Markstein für den Beginn der Modernen Rosen. Es war das Jahr, in dem Guillot die erste „Teehybride“ (Edelrose) ‘La France’ vorstellte. So viel zum Mythos! Heute lässt sich nachweisen, dass bereits 1815 mit ‘Brown’s Superb Blush’ die erste Teehybride das Licht der Welt erblickte. Teehybriden entstanden durch Kreuzung von Remontant-Rosen mit frostempfindlichen Teerosen aus China. Typisch für Edelrosen ist ihr straff aufrechter Wuchs, der über 1 m hinausgehen kann, mit je einer schlanken, langen Knospe am Ende eines Triebes. Daraus öffnen sich große Blüten in edlen Formen und allen Farben, die mit der Zeit auch mehrfarbig und immer greller wurden. Noch immer finden sich unter den Edelrosen viele herausragende Duftrosen. Andere haben den Duft durch eine andere Schwerpunktsetzung bei der Züchtung verloren.

Schönheit und Mythos umgibt ‘La France’, die in der Geschichte der Rose den Start in die Moderne signalisiert und betörend duftet.

Der anfängliche Boom zu Beginn des 20. Jahrhunderts löste enorme Züchtertätigkeiten aus, wodurch die Rosen immer anfälliger wurden. Als um 1945 mit ‘Gloria Dei’ eine robuste und gesunde Edelrose geschaffen wurde, kam es in den 50er und 60er Jahren zu einem zweiten Aufschwung. Obwohl seitdem Robustheit und Gesundheit wieder zu maßgeblichen Zielen der Zucht wurden, zählen Teehybriden noch immer zu den empfindlichsten Rosen.

Heute zeigt die Vorliebe für romantisch-nostalgische Blüten auch bei den Edelrosen Wirkung, sodass hier jährlich neue, relativ robuste und im Wuchs buschigere Sorten mit dichtgefüllten Blüten in sanften Farben das Licht der Welt erblicken.

Seite 136/137

Buchseinfassungen bringen Ruhe und Ordnung in reine Rosenbeete und kaschieren vor allem bei Edelrosen auch deren kahle Basis. Während im Vordergrund die zartrosa ‘Blessings’® (gezüchtet von Gregory, GB) duftigen Reiz entfaltet, strahlt im hinteren Beet die hellrote ‘Mullard Jubilée’ (Synonym: ‘Electron’, gezüchtet von McGredy) herüber.

Kaleidoskop der Beetrosen

Als Beetrosen gelten die unermüdlich bis zum Frost blühenden Floribunda- und Polyantha-Rosen, die beide ihre Blüten

Beetrosen wie die Polyantha-Rose 'Mevrouw Nathalie Nypels' säumen zusammen mit Stauden, die ihren Fuß umspielen, Wege mit anhaltendem Flor.

in dichten Büscheln tragen. Die älteren Polyantha-Hybriden haben kleinere Blüten, sind duftlos und meist einfach oder nur halbgefüllt. Aus ihrer Kreuzung mit großblütigen Teehybriden gingen später die Floribunda-Rosen hervor mit größeren, oft sehr formschönen halb- oder dichtgefüllten Blüten. Durch Züchtungsarbeit haben sich bis heute die Unterschiede fast verwischt, sodass man die beiden Begriffe nicht mehr verwendet und nur noch von Beetrosen spricht.

Auch bei ihnen wird der neue Nostalgie-Trend spürbar. Blütenformen wie von Anno dazumal, vergehende Farbenspiele innerhalb der Blüte, hauchzarte Nuancen in Pastelltönen, Apricot-, Pfirsich-, Lachs- und Maistöne stehen derzeit hoch im Kurs.

Viele der bis 1 m hohen Beetrosen sind leider ohne Duft, dafür aber wichtige Strukturpflanzen in Beeten und Rabatten, denn sie präsentieren sommerlang Farbe und Form. Während Stauden nach der Blüte in Beeten oft Löcher hinterlassen, sind Beetrosen stabilisierende Inseln im Auf und Ab der Blühphasen.

Der Schnitt von Beet- und Edelrosen

Beet- und Edelrosen blühen an den sich jährlich neu bildenden Trieben. Den richtigen Zeitpunkt zum Schneiden signalisiert die Forsythienblüte. Dann abgestorbene, erfrorene und kranke Triebe völlig entfernen, alle anderen bis auf drei bis sechs Augen einkürzen.

Hoch hinaus

Wer für Beet- und Edelrosen kein Plätzchen mehr findet, kann so manche Sorte auch auf schlankem Fuß auf Hochstamm (90 cm) veredelt erwerben. Diese erhält man mit größter Sicherheit beim Züchter der Sorte.

'MARGARET MERRIL'®

BEETROSE, FLORIBUNDA-ROSE

Blüte öfterblühend; halbgefüllt; ø 8 cm; perlweiß mit rosa Hauch; herrlicher, intensiver Duft
Wuchs 1,20 cm hoch; kräftig; aufrecht, buschig
Besonderheit hitzeverträglich; Blüten nicht immer regenfest; für Gefäße geeignet; gelegentlich Sternrußtau; winterhart
Gestaltung für Beete, Rabatten und kleine Hecken; bezaubernd als Hochstamm
Züchter Harkness 1977, Großbritannien

Wer 'Margaret Merril'® einmal im Garten hegte, kennt das beglückende Erlebnis, wenn sie im Juni aus länglich edelrosenartigen, zartrosa Knospen ihre seidig weißen Blüten mit den hauchzarten Adern auf den leicht gewellten Blütenblättern über dem glänzend grünen Laub öffnet. Anfangs bleiben sie noch etwas geschlossen mit einem rosa Hauch, der sich jedoch im allmählichen Entfalten nach und nach verflüchtigt. Wie viele Pflanzen mit weißen Blüten, ist auch 'Margaret Merril'® eine Mondschein-Prinzessin. Sobald die Dämmerung hereinbricht, beginnen ihre Blüten nicht nur betörend zu duften, sondern auch magisch zu erstrahlen. Sie ist eine elegante Rose, die gut nachblüht und mit vielen internationalen Spitzenpreisen wegen ihres herrlichen Dufts ausgezeichnet wurde.

◄ Reich in Büscheln bis zum Frost blüht 'Isarperle', die mit 70 bis 80 cm nicht so hoch wie 'Margaret Merril'® wird, aber wie diese mit einer rosa überhauchten Mitte bezaubert, die jedoch in ein warmes Lachsrosa spielt. Die duftende, sehr gesunde Beetrose ist ADR-prämiert.

'MARIA MATHILDA'®

BEETROSE, FLORIBUNDA-ROSE

Von Juni bis zum Frost kann man sich am delikaten Schauspiel erfreuen, das Blüten und Knospen von 'Maria Mathilda'® miteinander inszenieren. Da sie in Büscheln und zu unterschiedlichen Zeiten erscheinen, ist die Rose immer von weißlichen Rosa-Nuancen der sich gerade entfaltenden Blüten bis zum reinen Weiß der weit geöffneten Blüten umspielt. Da weiße Blüten immer neutral wirken, können sie in Pflanzenkombinationen in Beet oder Rabatte zwischen harten Kontrasten vermitteln, zumal sich die Blüten von 'Maria Mathilda'® durch einen weichen Weißton und kein hartes Reinweiß auszeichnen. Sie sehen bezaubernd aus zu Lavendel (*Lavandula angustifolia*), zu Pfirsichblättrigen Glockenblumen (*Campanula persicifolia*), aber auch mit dem hellgelben Mädchenauge 'Moonbeam' (Coreopsis-Verticillata-Hybride).

▶ Die breitbuschige, 60 bis 80 cm hohe 'Aspirin®-Rose' (Synonyme: 'Glacier Magic', 'Special Childes') erweist sich als sehr krankheitsresistent und eignet sich bei 3 bis 5 Pflanzen pro qm wunderbar als Bodendecker. Ein romantisches Highlight ist sie als Halb- oder Hochstamm.

BLÜTE dauerblühend; halbgefüllt; ø 7 cm; weiß, zartrosa überhaucht; kaum duftend
WUCHS 70 cm hoch; kräftig
BESONDERHEIT auch für Gefäße; schöne Schnittrose; gelegentlich Sternrußtau; winterhart
GESTALTUNG für Beete, Rabatten; bezaubernd als Hochstamm
ZÜCHTER Lens 1980, Belgien

'LIONS ROSE'®

BEETROSE, FLORIBUNDA-ROSE / Synonyme: 'Champagne Moment', 'Lion's Fairy Tale'

Die 'Lions Rose'® zählt zur Sortengruppe der „Märchen-Rosen". So nennt Kordes neue Züchtungen pflegeleichter Beet- und Strauchrosen, die wunderschön gefüllte, nostalgische Blüten mit besonderer Robustheit und Gesundheit verbinden. 'Lions Rose'® verkörpert dieses Züchtungsziel so hervorragend, dass sie schon mit vielen Preisen ausgezeichnet wurde. Und sie verbindet ihren Erfolg mit einem sozialen Hilfsprojekt: Aus dem Erlös dieser Rose werden im Rahmen der Jubiläums-Activity „50 Jahre Lions in Deutschland" Baumaßnahmen im Friedensdorf Oberhausen unterstützt. Dort erhalten Kinder aus Kriegs- und Krisengebieten nach stationärer Behandlung weiterführende Rehabilitationsmaßnahmen, bevor sie in ihre Heimat zurückkehren.

Blüte dauerblühend; dichtgefüllt; ø 8 cm; cremeweiß mit einem Hauch Rosa und Apricot; zart duftend

Wuchs 60–70 cm hoch; aufrecht, buschig

Besonderheit Rose of the Year 2006; ADR-Prädikat 2002; auch für Gefäße; hitzetolerant; winterhart

Gestaltung für Beete, Rabatten; einzeln oder in Gruppen; bezaubernd als Halb- oder Hochstamm

Züchter Kordes 2002, Deutschland

▼ Mit ihren rahmweißen Blüten, die innen gelblich-rosa überhaucht sind, erinnert die 1909 gezüchtete 'Gruß an Aachen' an eine Nostalgie-Rose unserer Tage. Für Liebhaber anderer Nuancen gibt es auch eine 'Weiße ...' und eine 'Rosa Gruß an Aachen'.

'FRIESIA'®

BEETROSE, FLORIBUNDA-ROSE / Synonyme: 'Fresia', 'Korresia', 'Sunsprite'

Blüte dauerblühend; halbgefüllt; ø 6–7 cm; goldgelb; intensiver, lieblicher Duft
Wuchs 60 cm hoch; aufrecht, buschig
Besonderheit regenfest; hitzetolerant; für Gefäße geeignet; winterhart
Gestaltung für Beete, Rabatten und kleine Hecken; bezaubernd als Hochstamm
Züchter Kordes 1973, Deutschland

'Friesia'® ist ein bewährter Klassiker unter den gelben Beetrosen, der jedem Einsteiger empfohlen werden kann. Die pflegeleichte Rose ist völlig unkompliziert und beginnt schon früh im Juni reich zu blühen. Über reinen Rosenbeeten mit 'Friesia'® hängt ein traumhaftes Odeur, das gegen Abend bei leichtem Wind auch den Garten durchzieht. Zusammen mit Lavendel verweben sich Farben und Düfte zu einem nostalgischen Bouquet. Die nicht allzu hohe Rose kreiert zusammen mit Fackellilien (Kniphofia-Hybriden) in Gelb, Orange und Rot in malerischen Rabatten fulminante Gartenimpressionen. Pflanzt man sie in einer Reihe, beträgt der Abstand 40 cm. Bei flächiger Pflanzung rechnet man mit fünf bis sechs Exemplaren pro Quadratmeter.

◄ Eine ADR-Auszeichnung erhielt 1985 die 60 cm hohe Beetrose 'Goldener Sommer '83', deren große, lockergefüllte Blüten in lichtem Mimosengelb erstrahlen. Völlig geöffnet rollen sich die Blütenblätter etwas ein und hellen zum Rand hin auf.

'GOLDSCHATZ' II®

Synonym: 'Castle Howard Tercentenary' / BEETROSE, FLORIBUNDA-ROSE

Hinreißend duftig wirkt diese gelbe Beetrose vor allem, wenn ihre großen, schalenförmigen Blüten sich weit geöffnet haben. Das anfangs intensive und dichte Gelb der Kronblätter erscheint dann fast transparent und gewinnt im Kontrast zu dem dunkelgrünen, ledrig-glänzenden Laub noch an Zartheit. Wunderbar passen auch die dichten Büschel der orangegelben Staubgefäße zum lichtdurchdrungenen Sonnenton der Blüten. Deren Wirkung potenziert sich, je mehr Rosen zusammengepflanzt werden. Der breitbuschige Wuchs der Sorte kommt einer flächigen Pflanzung entgegen. Auf einen Quadratmeter sollten etwa 5 bis 7 Exemplare gepflanzt werden. Aber natürlich bewährt sich 'Goldschatz' II® auch in Einzelexemplaren als Gartenschatz in gemischten Beetbepflanzungen.

Blüte dauerblühend; halbgefüllt; ø 10–12 cm; im Licht fast transparent wirkendes Gelb; duftend

Wuchs 70–90 cm hoch; aufrecht, breitbuschig

Besonderheit besonders schön bei Sonnenlicht; hitzetolerant; sehr farbstabil; winterhart

Gestaltung für Beete, Rabatten und Einfassungen; einzeln oder in Gruppen

Züchter Tantau 1996, Deutschland

Weitere Synonyme 'Golden Jet', 'Tresoro d'Oro'

'AMBER QUEEN'®

BEETROSE, FLORIBUNDA-ROSE / Synonym: 'Prinz Eugen von Savoyen'

BLÜTE dauerblühend; lockergefüllt; ø 7–8 cm; goldorange bis bernsteingelb; leicht duftend
WUCHS 40–60 cm hoch; aufrecht, breitbuschig
BESONDERHEIT vielfach prämiert; auffallendes Laub; hitzetolerant; für Gefäße geeignet
GESTALTUNG für Beete, Rabatten; einzeln, in Gruppen und flächig; bezaubernd als Hochstamm
ZÜCHTER Harkness 1984, Großbritannien

1984, also bereits im Jahr ihrer Einführung, wurde 'Amber Queen'® in England zur Rose des Jahres gekürt. Dieser Auszeichnung folgten weitere internationale, wie zum Beispiel 1991 die Goldene Rose von Den Haag. Die Sorte fasziniert einfach durch ihre in Farbe und Form wunderschönen Blüten, die sich in Büscheln vom auffallend dekorativen, gesunden Laub reizvoll abheben. Die anfangs bronzegrün austreibenden Blätter werden später dunkelgrün und glänzend. Auch die Blüten verwandeln ihren Farbton, indem sie mit der Zeit leicht aufhellen. Die Rose bleibt relativ niedrig, wächst aber kompakt und breitbuschig heran. Bei Gefäßkultur sollte man je nach Kübelgröße dennoch 2 bis 3 Exemplare zusammensetzen und die Triebe rundherum stufig schneiden.

'APRIKOLA'®

Synonym: 'Apricot Vigorosa' / BEETROSE, FLORIBUNDA-ROSE

Mit ihren zwischen zwei Farbwelten changierenden Blüten ist die Beetrose 'Aprikola'® nicht nur doppelt schön, sondern erweist sich mit ihrer robusten Gesundheit auch als doppelt gut. Dies honorierten bereits zahlreiche Auszeichnungen, zu denen sich 2005 die Goldene Rose von Den Haag gesellte. Im Juni öffnen sich aus rundlichen, orangegelben Knospen die meist in Dolden stehenden, gefüllten Blüten, die anfangs mit intensivem Aprikosengelb faszinieren. Beim weiteren Aufblühen schlagen sich die Kronblätter flach zurück und nehmen dabei einen feinen Rosaton an. Selbst wer keinen Platz mehr für eine ausgedehnte Rosenpflanzung hat, kann 'Aprikola'® vielleicht noch im Kübel als Hoch- oder Halbstamm mit einer Unterpflanzung aus weißem Duftsteinrich (*Lobularia maritima*) oder Blauen Lobelien (*Lobelia erinus*) bei sich aufnehmen.

▶ Auch 'Apricot Nectar' trägt Aprikosentöne. Ihre Blüten erreichen bis 10 cm im Durchmesser, verströmen zarten Duft und blühen im Herbst kräftig nach. Die buschig bis auf 80 cm hochwachsende Rose ist überdies robust und gesund.

Blüte dauerblühend; lockergefüllt; ø 6 cm; aprikosengelb mit rosa Hauch; fruchtiger Duft

Wuchs 70–80 cm hoch; aufrecht, breitbuschig

Besonderheit ADR-Prädikat 2001; sehr gesund; regenfest; toleriert Hitze und Halbschatten; für Gefäße geeignet; winterhart

Gestaltung für Beete, Rabatten und niedrige Hecken; bezaubernd als Halb- und Hochstamm

Züchter Kordes 2000, Deutschland

'MARIE CURIE'

BEETROSE, FLORIBUNDA-ROSE

Synonyme: 'Romantic Dreams', 'Umilo'

'Marie Curie' ist mit 40 bis 60 cm Höhe und ihren nur mittelgroßen Blüten eine zierliche Beetrose. Dennoch ist ihre Wirkung grandios, denn die Blüten stehen in Büscheln zu fünft oder gar zu siebt dicht beieinander und bieten trotz pastellfeiner Zurückhaltung ein beeindruckendes Schauspiel. Kontrastreich heben sie sich nämlich nicht nur von ihrem glänzend dunkelgrünen Laub ab, das eine gute Gesundheit verspricht, sondern auch von den karminroten Knospen, die zwischen den Blüten stehen. Die Blüten selbst sind rund und sehr gleichmäßig in ihrer Form. Sie öffnen sich zu relativ flacher Schalenform und wirken durch die gewellten Ränder der Kronblätter lebhaft bewegt. Während nach innen der warme Farbton an Intensität zunimmt, verhaucht er in den äußeren Blütenblättern in seidigen Rosatönen.

BLÜTE dauerblühend; halbgefüllt; ø 5–6 cm; kupfergelb bis goldbraun mit rosa Hauch; duftend

WUCHS 40–60 cm hoch; kräftig; aufrecht, buschig

BESONDERHEIT regenfest; hitzetolerant; für Gefäße geeignet; winterhart

GESTALTUNG für Beete, Rabatten; einzeln, in Gruppen und flächig; bezaubernd als Hochstamm und in der Vase

ZÜCHTER Meilland 1997, Frankreich

‘GEBRÜDER GRIMM’®

BEETROSE, FLORIBUNDA-ROSE / Synonyme: ‘Joli Tambour’, ‘Eternal Flame’

Blüte dauerblühend; dichtgefüllt; ø 7 cm; leuchtend orange mit pfirsichgelb, später rosa; zarter Duft
Wuchs 70–80 cm hoch; aufrecht
Besonderheit ADR-Prädikat 2002; sehr gesunde Einsteiger-Rose; mittlere Regenfestigkeit; toleriert Hitze und Halbschatten; winterhart
Gestaltung für Blumenbeete und Rabatten; einzeln und in Gruppen; farbenprächtiger Hochstamm
Züchter Kordes 2002, Deutschland
Weitere Synonyme ‘Brothers Grimm Fairy Tale’, ‘Gremlin’

Die Beetrose ‘Gebrüder Grimm’® verbindet den Charme einer modernen nostalgischen Blütenschönheit mit außergewöhnlicher Blattgesundheit. An den glänzenden, dunkelgrünen Blättern finden die Sporen der gefürchtetsten Rosenkrankheiten, wie Mehltau und Sternrußtau, nur schwerlich Zugang, sodass die Sorte erstaunlich gesund bleibt. Die Blüte selbst weist mit den farblich sich deutlich absetzenden gelblichen Unterseiten der Kronblätter ein typisches Edelrosen-Merkmal auf, entspricht jedoch sonst mit ihrer dichtgefüllten Form und den leicht gewellten Rändern der Blütenblätter einer Nostalgie-Rose. Ihr frischer, lebhafter Orangeton „verblaut“ und „verblasst“ mit der Zeit in ein sanftes Rosa. Pflanzt man ‘Gebrüder Grimm’® in eine Rabatte, empfiehlt sich ein Pflanzabstand von 40 bis 50 cm.

'SANGERHÄUSER JUBILÄUMSROSE'®

Synonym: 'Cervia' / BEETROSE, FLORIBUNDA-ROSE

Diese Beetrose mit den trendigen sanften Apricot-Tönen einer Nostalgie-Rose wurde mit ihrem Namen dem 100-jährigen Bestehen des Europa-Rosariums Sangerhausen gewidmet. Ihre im Aufblühen fast edelrosenartigen Blüten entfalten sich weit zu flacher Form. Während in deren Zentrum vorwiegend gelbliche Lachstöne dominieren, verblasst die Farbintensität an den Blütenrändern und geht später dort in ein Zartrosa über. Neben dem delikaten Farbenspiel bezaubert die 'Sangerhäuser Jubiläumsrose'® vor allem jedoch durch ihre Reichblütigkeit. Ihre sanften Töne harmonieren mit vielen anderen Blütenfarben, seien es blaue oder violette Töne von Storchschnabel (*Geranium*), das Grüngelb von Frauenmantel (*Alchemilla*) oder das kühle Gelb von Brandkraut (*Phlomis russeliana*).

Blüte dauerblühend; dichtgefüllt; ø 7–8 cm; zart apricotfarben, später rosa überhaucht; duftend

Wuchs 70 cm hoch; mittelstark; aufrecht, buschig

Besonderheit robuste Einsteiger-Rose; hitzetolerant; für Gefäße geeignet; winterhart

Gestaltung für Blumenbeete und Rabatten; einzeln, in Gruppen und flächig; bezaubernd als Halb- und Hochstamm

Züchter Kordes 2003, Deutschland

▶ In intensivem Goldorange erstrahlt die Beetrose 'Badener Gold' (McGredy 1974) deren große, leicht duftende Blüten ein weiches Farbenspiel in rötliche Nuancen aufweisen. Leider ist ihr glänzendes Laub etwas anfällig für Sternrußtau.

‘CHORUS’®

BEETROSE, FLORIBUNDA-ROSE

Blüte dauerblühend; lockergefüllt; ø 8–10 cm; scharlachrot; kein Duft
Wuchs 50–70 cm hoch; kräftig; aufrecht, buschig
Besonderheit regenfest; hitzetolerant; für Gefäße geeignet; winterhart
Gestaltung für Blumenbeete und Rabatten; einzeln, in Gruppen und flächig
Züchter Meilland 1975, Frankreich

‘Chorus’® ist unter den scharlachroten Beetrosen eine altbekannte Spitzensorte. Inzwischen wurde ihr jedoch das 1977 zuerteilte ADR-Prädikat wieder entzogen, da sie sich mit den Jahren als zunehmend anfälliger für Sternrußtau, nicht jedoch für Mehltau erwies. Das Nachlassen der Widerstandsfähigkeit ist ein Symptom, das bei Rosen, die über Jahrzehnte in Kultur sind, öfter zu beobachten ist. Wer sich dennoch für ‘Chorus’® entscheidet, sollte ihr einen sonnigen, luftigen Standort bieten. Schön zum intensiven Farbton passen blauviolette Partner, wie Rittersporn (*Delphinium*) oder Sommersalbei (*Salvia nemorosa*), Blüten in Gelb und Orange, wie Sonnenbraut (*Helenium*) oder Taglilie (*Hemerocallis*) sowie grau- und silberlaubige Nachbarn, wie Edelraute (*Artemisia*) oder Graues Heiligenkraut (*Santolina chamaecyparissus*).

◄ Signalwirkung geht auch von ‘Happy Wanderer’ II® aus. Die 40 bis 60 cm hohe Beetrose ist typisch für ihren Züchter McGredy, der gerne mit kräftigen, leuchtenden Farben experimentiert. 1975 erhielt sie für ihre Robustheit die ADR-Auszeichnung.

'LA SEVILLANA'

Synonym: 'Sevillana' / BEETROSE, FLORIBUNDA-ROSE

Mit ihren scharlachroten Blüten, die von Juni bis Oktober zuverlässig leuchtendes Scharlachrot in den Garten tupfen, ist 'La Sevillana' seit vielen Jahren eine der bewährtesten Beetrosen in warmen Rottönen. Auch wenn dieser intensive Farbton zur Zeit weniger gefragt ist, so vermag er doch bestens in warmtonigen Pflanzkombinationen brillante Spots einzubringen. Der Vorteil einer gesunden und robusten Dauerblüherin wie 'La Sevillana' besteht auch darin, dass sie über einen sehr langen Zeitraum Beete zuverlässig mit Farbe und Struktur bereichert. Man pflanzt sie mit einem Abstand von 35 cm oder 6 bis 7 Exemplare pro Quadratmeter. Übrigens: Die rein rosafarbene Mutation 'Pink La Sevillana' hat sich als weit weniger gesund erwiesen. Sie wurde inzwischen aus der Liste der ADR-Rosen gestrichen.

▶ In prächtigem Orangerot blüht auch 'Tornado'® (Synonym: 'Kordes' Rose Tornado') unermüdlich bis zum Herbst. Dabei öffnen sich die in Büscheln stehenden, halbgefüllten Blüten zu weiten, flachen Schalen und erweisen sich als sehr regenfest.

BLÜTE dauerblühend; halbgefüllt; ø 6–7 cm; scharlachrot; kein Duft

WUCHS 60–80 cm hoch; aufrecht, locker, buschig

BESONDERHEIT ADR-Prädikat 1979; robuste Einsteiger-Rose; regenfest; hitzetolerant; für Gefäße geeignet; sehr winterhart

GESTALTUNG für Blumenbeete, Rabatten und niedrige Hecken; einzeln, in Gruppen und flächig

ZÜCHTER Meilland 1978, Frankreich

‘MONTANA’ I®

BEETROSE, FLORIBUNDA-ROSE / Synonym: ‘Royal Occasion’

Blüte dauerblühend; halbgefüllt; ø 8–10 cm; blutrot; kein Duft
Wuchs 60–80 cm hoch; kräftig; aufrecht, buschig
Besonderheit robuste Einsteiger-Sorte; regenfest; hitzetolerant; für Gefäße geeignet; sehr winterhart
Gestaltung für Blumenbeete, Rabatten; einzeln, in Gruppen und flächig; bezaubernd als Hochstamm
Züchter Tantau 1974, Deutschland

‘Montana’ I® zählt weltweit mit zu den Spitzensorten der roten Beetrosen. Im Juni öffnet sie aus stumpfen, dunkelroten Knospen ihre roten Blüten, deren Leuchtkraft sich dadurch verstärkt, dass sie meist in großen Dolden erscheinen. Unermüdlich bis zum Herbst bildet die Rose immer wieder neue Blüten nach und gewinnt damit großen Gestaltungswert als farbkräftige Dauerstruktur. So reich sie aber auch blüht, ihr Flor lässt sich durch unterstützende Maßnahmen noch zusätzlich anregen. So sollten noch vor der Blüte Ende Mai besonders lange Triebe eingekürzt werden. Dies fördert ihre Verzweigung, sodass ‘Montana’ I® buschiger wird und folglich auch reicher blüht. Außerdem sollten die Triebe abgeblühter Büschel oder Blüten bis auf ein vollständig ausgebildetes darunterstehendes Blatt eingekürzt werden.

'RED YESTERDAY'®

Synonym: 'Majorie Fair' / STRAUCHROSE, FLORIBUNDA-ROSE, FLÄCHENROSE

Trotz der dunkelroten Blüten wirkt 'Red Yesterday'® sehr lebhaft. Der Grund ist das weiße Auge im Zentrum der kleinen Blütchen, die in oft rundlichen, an Hortensien erinnernden Dolden an der vielfach prämierten Sorte sommerlang erscheinen. Die bis 80 cm hohe Rose erweist sich als ungemein vielfältig. Wie eine Beetrose passt sie in den Mittel- oder Hintergrund von Beeten und Rabatten. Wie eine Strauchrose kann sie den Fuß von Mauern und Hecken überspielen oder im Dreierpack als Solitär mit langer Blütezeit faszinieren. Ihr ausladend überhängender Wuchs prädestiniert sie aber auch als Bodendecker, wo sie Böschungen an der Terrasse, Hänge oder Beete entlang eines Wegs mit ihrer Blütenpracht überziehen kann. Dazu genügen drei bis vier Pflanzen pro Quadratmeter.

Blüte dauerblühend; einfach; ø 2–3 cm; kirschrot mit weißem Auge; kein Duft

Wuchs 1,20 m hoch; breitbuschig; überhängend

Besonderheit ADR-Prädikat 1980; sehr regenfest; für Gefäße geeignet; für Halbschatten geeignet; winterhart

Gestaltung für Blumenbeete, Rabatten, Hecken, Böschungen; einzeln, in Gruppen und flächig

Züchter Harkness 1978, Großbritannien

'ROUGE MEILOVE'

BEETROSE, FLORIBUNDA-ROSE / Synonyme: 'Ondella', 'Red Meilove'

Blüte dauerblühend; gefüllt; ø 5–6 cm; dunkles Blutrot; zarter Duft
Wuchs 40–60 cm hoch; aufrecht, breitbuschig
Besonderheit ADR-Prädikat 2004; sehr gesunde Einsteiger-Rose; regenfest; hitzetolerant; für Gefäße geeignet; winterhart
Gestaltung für Blumenbeete, Rabatten und kleine Hecken; einzeln, in Gruppen und flächig
Züchter Meilland 2004, Frankreich

'Rouge Meilove' verkörpert das erfolgreiche Bestreben neuer Rosenzüchtungen, Schönheit und Reichblütigkeit mit einem hohen Maß an Widerstandsfähigkeit gegen Blattkrankheiten zu verbinden. Mit ihrem ledrig glänzenden Laub besitzt sie eine erfreuliche Resistenz gegen Sternrußtau und gegen Mehltau. Rosen mit dieser Eigenschaft bewähren sich gut in Kombinationen mit Stauden, die besonders schnell eine gewisse Pflanzendichte aufkommen lassen. Der Nachteil einer engen Pflanzung besteht darin, dass Blüten wie Blätter langsamer von Tau und Regen abtrocknen, was die Gefahr eines Pilzbefalls erhöht. 'Rouge Meilove' kann im Kübel wie in Staudenkombinationen sommerlang ihre feurige Präsenz beweisen. Bei flächiger Pflanzung kommen 4 bis 5 Exemplare auf den Quadratmeter.

'RESONANZ'

BEETROSE, FLORIBUNDA-ROSE

Neben dem leuchtenden Signalrot besticht 'Resonanz' mit der reizenden Form ihrer Blüten, die lange eine rundliche Schalenform beibehalten und dabei in lockeren, großen Dolden zusammenstehen. Der flammende Flor hebt sich sehr wirkungsvoll von dem dunkelgrün glänzenden Laub ab, das außergewöhnlich widerstandsfähig und gesund ist. 'Resonanz' blüht von Juni bis in den Oktober hinein mit einer blütenärmeren Verschnaufpause im August nach dem ersten Hauptflor. Schneidet man die Triebe mit den abgeblühten Büscheln aber gleich nach dem Verblühen bis auf das erste voll ausgebildete Blatt darunter zurück (Sommerschnitt), fördert man damit die Reichblütigkeit des Folgeflors entscheidend. Dieser Schnitt sollte im Herbst entfallen. Dann setzt die Rose reizende Hagebutten an.

▶ Ebenfalls sehr gesund, dauerhaft und reichblühend, allerdings in apartem, kühlem Karminrot, ist 'Rotilia' (Synonyme: 'Ruby Vigorosa', 'Red Finesse'), deren Qualitäten mehrfach prämiert wurden, zum Beispiel ADR-Rose 2002, Goldene Rose von Den Haag 2003.

BLÜTE dauerblühend; halbgefüllt; ø 6 cm; leuchtend rot; leichter Duft

WUCHS 60–80 cm hoch; aufrecht, buschig

BESONDERHEIT ADR-Prädikat 2004; sehr gesund; farbbeständig; hitzetolerant; für Gefäße geeignet; winterhart

GESTALTUNG für Blumenbeete und Rabatten; einzeln, in Gruppen und flächig; bezaubernd als Hochstamm

ZÜCHTER Noack 2004, Deutschland

'RED LEONARDO DA VINCI'

BEETROSE, FLORIBUNDA-ROSE

Synonym: 'Hilde Umdasch'

Mit ihren stark gefüllten Schalenblüten ist 'Red Leonardo da Vinci' der Inbegriff einer Modernen Nostalgie-Rose, die frisches, kühles Dunkelrot mit einer rosettenartigen, geviertelten Blütenform kombiniert, wie sie typisch für Alte Rosen ist. Da die Blüten in lockeren Büscheln von drei bis fünf pro Stiel erscheinen, verstärkt dies die Flächigkeit und den Farbeindruck der Blüten, sodass die Rose auch eine gute Fernwirkung erzielt. Erfreulicherweise weist sie außerdem eine gute Resistenz gegen Mehltau und Sternrußtau auf. In Beeten und Rabatten sollte die Beetrose, aufgrund ihres gedrungenen und eher schmalen Wuchses, in mindestens zwei Exemplaren in den Mittel- oder Vordergrund gesetzt werden. Bei einer flächigen Pflanzung empfehlen sich sechs Pflanzen pro Quadratmeter.

Blüte dauerblühend; dichtgefüllt; ø 7 cm; johannisbeerrot; duftend

Wuchs 40–60 cm hoch; aufrecht

Besonderheit sehr robust und reichblühend; regenfest; hitzetolerant; für Gefäße geeignet

Gestaltung für Blumenbeete und Rabatten; einzeln, in Gruppen und flächig; bezaubernd als Hochstamm

Züchter Meilland 2003, Frankreich

'QUEEN ELIZABETH'

BEETROSE, FLORIBUNDA-ROSE / Synonyme: 'The Queen Elizabeth Rose', 'Queen of England'

Blüte dauerblühend; lockergefüllt; ø 8–10 cm; reinrosa; kaum duftend
Wuchs 100–180 cm hoch; sehr kräftig; straff aufrecht
Besonderheit Weltrose 1979; robuste Einsteiger-Rose; regenfest; hitzetolerant; für Halbschatten und Gefäße geeignet; sehr winterhart
Gestaltung für Beete, Rabatten, Hecken; einzeln oder in Gruppen; Schnittblume
Züchter Lammerts 1954, USA

'Queen Elizabeth' ist ein weltbekannter Oldtimer mit einem für eine Beetrose ungewöhnlich staksigen Wuchs. An kaum bestachelten Trieben wächst sie auch nach einem starken Rückschnitt schnell mit nur wenig verzweigten Trieben bis weit über einen Meter hinaus. Damit ist sie prädestiniert für Hecken oder eine Pflanzung in den Hintergrund von Beeten und Rabatten, vor Mauern oder an Zäunen, wobei man ihren oft kahlen unteren Bereich mit Stauden oder Kleinstrauchrosen kaschiert. Gegen das untere Verkahlen hilft auch ein stufiger Schnitt im Frühjahr. Von Juni bis zum Frost entfaltet sie ihre herrlichen, edelrosenähnlichen, rosa Becherblüten, die allmählich silbrig aufhellen und meist in hohen Büscheln über dem sehr großen, dunkelgrün glänzenden Laub stehen.

◀ Ein hochwüchsiger Dauerblüher ist auch 'Betty Prior', die auf 80 bis 120 cm langen Trieben einfache Blüten von wildhaftem Charme in großen Büscheln entfaltet. Sie ist außerdem regenfest, sehr frosthart und toleriert den Halbschatten an Gehölzrändern.

'PLAY ROSE'

Synonym: 'Deborah' / BEETROSE, FLORIBUNDA-ROSE

Wer mit wenig Aufwand eine über und über blühende Rosenrabatte wünscht, ist mit 'Play Rose' bestens beraten. Die anspruchslose Beetrose entfaltet auch an weniger günstigen Standorten ihre rosafarbene Pracht, bei der bis zu 10 ihrer großen Blüten in Büscheln zusammenstehen. Da sie sich gut verzweigt und breitwüchsig entwickelt, eignet sie sich für dauerblühende Hecken ebenso wie als Bodendecker. Für eine flächige Pflanzung benötigt man nur drei bis vier Pflanzen pro Quadratmeter. Der Charme der pflegeleichten Rose beruht jedoch auf ihren großen Blüten, die sich im Entfalten von Karminrosa zu Reinrosa aufhellen. Wie ein malerischer Blütentuff wirkt 'Play Rose' als Hochstamm inmitten eines Beets oder zu beiden Seiten eines Wegs oder Sitzplatzes.

Blüte dauerblühend; halbgefüllt; ø 8–9 cm; kräftig rosa; zarter Duft
Wuchs 60–80 cm hoch; stark; aufrecht, breitbuschig
Besonderheit ADR-Prädikat 1989; robuste Einsteiger-Rose; regenfest; hitzetolerant; für Gefäße geeignet; winterhart
Gestaltung für Blumenbeete, Rabatten, Hecken; einzeln, in Gruppen und flächig; bezaubernd als Hochstamm
Züchter Meilland 1989, Frankreich

▶ Mit weichem, nach außen aufhellendem Rosa bezaubern die dichtgefüllten, nostalgischen Blüten von 'Poesie'® (Synonyme: 'Jackson & Perkins Rose Poesie', 'Berkeley'). Die öfterblühende Rose wächst buschig auf 60 cm heran und ist recht gesund.

'SOMMERWIND'®

BEETROSE, FLORIBUNDA-ROSE / Synonyme: 'Summerwind', 'Surrey', 'Vent d'Eté'

Blüte dauerblühend; halbgefüllt; ø 4 cm; rosa; kein Duft
Wuchs 60 cm hoch; breitbuschig
Besonderheit ADR-Prädikat 1987; regenfest; toleriert Hitze und Halbschatten; für Gefäße geeignet; winterhart
Gestaltung für Beete, Rabatten, Hecken und als Bodendecker; bezaubernd als Fuß-, Halb- und Hochstamm
Züchter Kordes 1985, Deutschland

'Sommerwind'® ist ein vielseitiger Klassiker unter den Beetrosen. Mit ihren reizvollen, um etwa 1 cm größeren Blüten gilt sie als verbesserte 'The Fairy' und kann wie diese ebenso als Bodendecker eingesetzt werden. Ob in Kombinationen mit Stauden und Sommerblumen, als dauerblühender Hochstamm in Beet oder Kübel, ob als sich breit hinlagernder Blütensaum am Übergang von der Terrasse in den Garten oder als rosa Vorpflanzung vor Gehölzen – immer wird 'Sommerwind'® mit ihrer malerischen Blütenfülle die Blicke auf sich ziehen. Dank ihrer Farbe und Blütenfülle besitzt sie eine große Fernwirkung. Aber erst aus der Nähe offenbart die Rose ihren ganz persönlichen Charme: Die am Rand eingekerbten Kronblätter verleihen den Blüten mit ihrem pastellrosa Farbenspiel eine märchenhafte Anmut.

◀ Auch die Noack-Züchtung 'Vinesse' ist von ätherischer Schönheit, hinter der man die tatsächliche Robustheit und Toleranz für Halbschatten, Hitze und Regen nicht vermutet. Die ADR-Rose 2000 blüht orange auf, um dann über zartrosa zu gelborange zu verblassen.

'BONICA '82'®

Synonym: 'Demon' / BEETROSE, FLORIBUNDA-ROSE

'Bonica '82'® erweist sich als sommerlang blühendes Multitalent im Garten von außerordentlichem Charme. Wenn sie im Juni aus dunkelrosa Knospen ihre Blüten entfaltet, zeigen sie anfangs ein dunkleres Rosa, das sich in den äußeren Kronblättern und an vollsonnigen Standorten schnell in ein Perlmuttrosa verflüchtigt. Da sich die Blüten jedoch in großen Büscheln nicht gleichzeitig öffnen, entfächern sie ein sehr delikates Farbenspiel unterschiedlichster Rosa-Nuancen. Den zarten Blüten sieht man die Frosthärte der Rose nicht an, die auch noch in rauen Regionen mit etwas Winterschutz gut gedeiht. Wer 'Bonica '82'® einmal am Zaun zieht, wird feststellen, dass sie sich flexibel bis auf 1,5 m Höhe „streckt", um sich dann reichblühend darüber zu lehnen.

▶ Noch zarter, aber nicht durchgehend, sondern in Schüben blüht die 1988 von Harkness gezüchtete Beetrose 'Many Happy Returns' (Synonym: 'Prima'). Die 70 bis 90 cm hohe Sorte ist sehr gesund und duftet wunderbar.

Blüte dauerblühend; locker-gefüllt; ø 6–8 cm; dunkel- bis hellrosa; kein Duft
Wuchs 60–100 cm hoch; breitbuschig; dicht
Besonderheit Weltrose 2003; ADR-Prädikat 1983; robuste Einsteiger-Rose; regenfest; toleriert Hitze und Halbschatten; sehr winterhart
Gestaltung für Beete, Rabatten, Hecken und als Bodendecker; als Halb- und Hochstamm
Züchter Meilland 1981, Frankreich

'LEONARDO DA VINCI'®

BEETROSE, FLORIBUNDA-ROSE / Synonym: 'Léonard de Vinci'

Blüte dauerblühend; dichtgefüllt; ø 5–6 cm; dunkles Altrosa; kein Duft
Wuchs 40–100 cm hoch; aufrecht; buschig
Besonderheit sehr reichblühend; toleriert Hitze und Halbschatten; für Gefäße geeignet; sehr winterhart
Gestaltung für Beete, Rabatten, Hecken; bezaubernd als Halb- und Hochstamm
Züchter Meilland 1983, Frankreich

Seit die reich- und dauerblühende Rose ins Licht der Öffentlichkeit trat, gilt sie als besonderes Faszinosum. Da ist zum einen ihr kräftiger und doch weicher Rosaton, der zusammen mit den dichtgefüllten, rosettenartigen Blüten der Rose ganz speziellen Charme verleiht. Zum anderen ist 'Leonardo da Vinci'® sehr frosthart, sodass man auch in raueren Lagen nicht auf sie verzichten muss. Ein Wermutstropfen ist lediglich ihre nicht allzu ausgeprägte Widerstandsfähigkeit gegen Sternrußtau. Dies hat jedoch nicht ihre Beliebtheit als Hoch- oder Halbstamm in kleinen Gärten, als Duo im Kübel neben der Eingangstür oder als floraler Blickfang über Erdbeer- oder Salatbeeten geschmälert. In Rabatten pflanzt man sie mit 40 cm Abstand oder flächig mit sechs bis sieben Pflanzen pro Quadratmeter.

◀ Beste Gesundheit und leuchtende Blütenfülle zeichnet die karminrosa Kordes-Rose 'Neon'® (Synonym: 'Sweet Vigorosa') aus. Die 60 cm hohe ADR-Rose ist robust und breitwüchsig, sodass sie sich auch für Hecken und als Bodendecker eignet.

'BOTTICELLI'

BEETROSE, FLORIBUNDA-ROSE

An duftige Puderquasten erinnern die dichtgefüllten, gleichmäßig runden Blüten der Beetrose 'Botticelli' mit ihren gefältelten Kronblättern. Solange sie sich noch nicht vollständig zu flacher Schalenform geöffnet haben, dominiert im noch eingerollten Zentrum ein dunkles Lachsrosa, das sich nach außen hin in rosa überhauchtes Elfenbein aufzulösen scheint. Vollständig geöffnete Blüten legen ein wenig die dichten Staubgefäße frei und deuten am Grund der Blütenblätter eine Spur von Lichtgelb an. 'Botticelli' ist ein malerischer Gartenschatz, der außerordentlich reich blüht und die Blüten in großen Büscheln bündelt. In Rabatten pflanzt man die breitwüchsige Schönheit mit 40 bis 45 cm Abstand, bei flächiger Pflanzung setzt man vier bis fünf Rosen pro Quadratmeter.

▶ Mit reizenden kleinen, kirschroten Pompon-Blüten nach dem Vorbild Alter Rosen bezaubert 'Pomponella'®. Die breitwüchsige Kordes-Züchtung wird 80 cm hoch und zeichnet sich durch sehr gute Blattgesundheit aus.

Blüte dauerblühend; dichtgefüllt; ø 6–7 cm; lachsrosa; duftend
Wuchs 60–70 cm hoch; aufrecht; breitbuschig
Besonderheit gesund; hitzetolerant; für Gefäße geeignet; winterhart
Gestaltung für Blumenbeete, Rabatten, Hecken und als Bodendecker; bezaubernd als Halb- und Hochstamm
Züchter Meilland 2004, Frankreich

'PAPAGENA'

BEETROSE, FLORIBUNDA-ROSE / Synonym: 'Oranges 'n' Lemons'

Blüte öfterblühend; dichtgefüllt; ø 8 cm; orange, gelb geflammt; zarter Duft
Wuchs 80–100 cm hoch; stark; aufrecht; buschig
Besonderheit lebhaft bunt; toleriert Hitze, nicht ganz regenfest; für Gefäße geeignet; Winterschutz
Gestaltung für Blumenbeete und Rabatten; einzeln und in Gruppen
Züchter McGredy/Rosen-Union 1992, Neuseeland

'Papagena' zählt zur Rosengruppe der „hand-painted roses". So werden die mehrfarbig gestreiften oder geflammten Rosen McGredys genannt, der bei diesen Rosen eine Freude an kräftigen, leuchtenden Farben zeigt, die so unregelmäßig verteilt sind, als seien sie von Hand aufgetragen. Der Partner von 'Papagena' ist 'Papageno'® und wurde bereits 1989 von McGredy auf den Markt gebracht. Diese Beetrose ist weniger hochwüchsig, wird etwa 50 bis 70 cm hoch und ist dunkelrot-cremeweiß geflammt. Damit all diese farbenkräftigen Blüten nicht in ihrer Wirkung beeinträchtigt werden, empfehlen sich Begleiter in ruhigen, einfarbigen Tönen, die am besten das Farbspektrum der Blüten aufgreifen oder kontrastiv nur eine Farbe, wie zum Beispiel Blau, ergänzen.

◀ Die Mehrfarbigkeit von Rosenblüten kann sich auch in einem Farbverlauf äußern, wie zum Beispiel bei 'Samba'®. Die bis 50 cm hohe Kordes-Züchtung blüht goldgelb auf, um dann im Verblühen ihren Rand leuchtend rot zu säumen.

‘RHAPSODY IN BLUE’

BEETROSE, FLORIBUNDA-ROSE

Der Wunsch, blaue Rosen hervorzubringen, lässt sich schon bei den Mauren nachweisen. Bis heute ist der Wunsch und das Züchtungsziel nach blauen Rosen lebendig geblieben, ohne es zu erreichen. Was bisher mehr oder weniger erreicht wurde, sind violette oder fliederfarbene Rosen. Die meisten Blauanteile von allen weist bisher ‘Rhapsody in Blue’ (erhältlich bei Kordes) auf, die mit über 1 Meter Höhe auch als Strauchrose in den Hintergrund von Beeten passt. Die meisten anderen sogenannten „blauen“ Sorten findet man vorwiegend für Beetkombinationen primär unter Edelrosen, Beetrosen oder Patio-Rosen. Eher eine Ausnahme ist die Ramblerrose ‘Veilchenblau’, die wie ‘Rhapsody in Blue’ grauviolett verblüht und dann jede Fernwirkung verliert.

▶ Ebenso exotisch „blau“ blüht ‘Shocking Blue’®. Die 60 cm hohe Beetrose entfaltet ihre halbgefüllten, dekorativen, 6 cm großen Blüten in ungewöhnlichem Magentalila. Sie blüht reich und duftet berauschend.

Blüte öfterblühend; halbgefüllt; ø 5–6 cm; purpurviolett mit weißer Mitte; duftend

Wuchs 120 cm hoch; straff aufrecht

Besonderheit zur Zeit die „blaueste“ Rose; regenfest; toleriert Hitze; Winterschutz

Gestaltung für Blumenbeete und Rabatten; einzeln oder in Gruppen

Züchter Cowlishaw/Warner 2002, Großbritannien

'PASCALI'®

EDELROSE, TEEHYBRIDE / Synonym: 'Blanche Pasca'

Blüte öfterblühend; gefüllt; ø 8 cm; reinweiß; kein Duft
Wuchs 60–70 cm hoch; straff aufrecht; viel- und starktriebig
Besonderheit Weltrose 1991; regenfest; toleriert Hitze; gute Schnittrose
Gestaltung für Blumenbeete, Rabatten; bezaubernd als Hochstamm
Züchter Lens 1963, Belgien

Die verschwenderisch blühende Rose bringt schlanke, edel geformte Knospen von grünlichweißem Farbton hervor, die einzeln oder zusammen mit einigen Seitenknospen auf den Stielen sitzen. Im Juni öffnen sie sich zu großen, gefüllten, rahm- bis reinweißen Blüten, die allmählich ihre Kronblätter einrollen und im Verblühen eine schalenförmige, flache Form annehmen. Die Blüten sind insgesamt sehr lange haltbar und leiden auch unter vorübergehendem Regen kaum. Sobald diese verblüht sind, sollten Abgeblühtes und Triebe bis zum nächsten darunter stehenden, komplett ausgebildeten Blatt zurückgeschnitten werden. Aus dem schlafenden Auge in der Blattachsel bildet sich dann ein neuer kräftiger Blütenansatz. 'Pascali'® wird mit einem Abstand von 35 cm gepflanzt.

◄ In elegantem Weiß, aber mit noch größeren Blüten bezaubert die Tantau-Sorte 'Polarstern'® (Synonyme: 'Evita', 'Polar Stars', 'Stella Polare'). Die bis 1 m hohe, robuste Sorte blüht reich und lange mit ebenfalls stark zurückgerollten Blütenblättern.

'EVENING STAR'

Synonym: 'Jackson & Perkins Rose Evening Star' / EDELROSE, TEEHYBRIDE

'Evening Star' im Beet vor der Terrasse verzaubert viele Tage, aber auch laue Sommerabende mit ihrem in der Dämmerung erstrahlenden Weiß und dem wunderbaren Duft. Im Juni entfalten sich die Blüten spiralig mit anmutig gewellten Blütenblättern aus gelblichen, langen, spitzen Knospen. Da sie oft auch zu mehreren auf den Stielen sitzen, ergeben sich optisch aus dem Miteinander aus Knospen und Blüten reizvolle kleine Bouquets über dem großen, dunkelgrünen, ledrig glänzenden Laub. Auch wenn 'Evening Star' reich blüht, erweist sie sich doch in zweierlei Hinsicht als ätherisch anfällige Schönheit: Ihre Blüten sind nicht regenfest und neigen bei Dauerregen zur Mumienbildung. Nach der ersten Blüte, vor allem aber im Spätsommer, wird sie oft stark von Sternrußtau befallen.

▶ Optimale Bedingungen braucht auch die cremeweiße 'Karl Heinz Hanisch' (Synonyme: 'Jardins de Bagatelle', 'Drotting Silvia', 'Queen Silvia', 'Ibu Tien Suharto', 'Sarah'). Dann aber verführt sie mit starken, fruchtigen Odeurs.

Blüte öfterblühend; gefüllt; ø 10 cm; rahm- bis reinweiß; herrlicher Duft
Wuchs 70–90 cm hoch; kräftig; aufrecht; buschig
Besonderheit nicht regenfest; selbstreinigend; toleriert Hitze; gute Schnittrose
Gestaltung für Blumenbeete, Rabatten; einzeln und in Gruppen; für weiße Gärten, Duftbeete und Mondscheingärten
Züchter Jackson & Perkins 1974, USA

'GLORIA DEI'

EDELROSE, TEEHYBRIDE / Synonyme: 'Peace', 'Gioia', 'Mme A. Meilland', 'Fredsrosen', 'Béke'

Blüte öfterblühend; locker-gefüllt; ø 11 cm; gold- bis lichtgelb mit rosa Rand; zarter Duft

Wuchs 80–100 cm hoch; stark; aufrecht; buschig

Besonderheit Weltrose 1976; regenfest; toleriert Hitze und Halbschatten; sehr winterhart; gute Schnittrose

Gestaltung für Blumenbeete, Rabatten; bezaubernd als Hochstamm

Züchter Meilland 1945, Frankreich

'Gloria Dei' ist nicht nur die berühmteste Rose der Welt, sie ist mit weit über 100 Millionen verkauften Exemplaren die meistgepflanzte Gartenrose aller Zeiten. Als sie im Sommer 1939 auf den Rosenfeldern Meillands zum ersten Mal stand, erntete sie bereits höchste Beachtung. Obwohl kurz darauf der Zweite Weltkrieg begann, kam sie nach Deutschland, wo man sie 'Gloria Dei' nannte, und nach Italien, wo man ihr den Namen 'Gioia' gab. Als der Krieg 1945 zu Ende war, taufte man sie in Amerika 'Peace'. Weltweit schlug sie die Menschen mit ihrem wechselnden Farbenspiel und der Pfingstrosen-Form ihrer Blüten in ihren Bann. Ihrem Züchter aber war der Durchbruch zu einer gesunden Edelrose gelungen, was eine Renaissance der Teehybriden einleitete.

◄ Weit geöffnet erinnert 'Sutter's Gold' mit seinem Farbverlauf an 'Gloria Dei'. Tatsächlich sind jedoch die Außenseiten und Ränder der Blütenblätter vorwiegend rötlich überhaucht und geadert, während die Innenseiten in hellem Orangegelb erstrahlen.

'ELINA'®

Synonym: 'Peaudouce' / EDELROSE, TEEHYBRIDE

'Elina' besitzt riesige, duftende Blüten, die vorwiegend einzeln auf langen, kräftigen Trieben stehen, ohne überzuhängen. Sie entfalten sich aus spitzen, gelben Knospen und sind lange haltbar. Dabei geht ihr Farbton von einem in der Mitte pastelligen, kühlen Primelgelb in ein gelblich überhauchtes Cremeweiß über, wobei sich die äußeren Blütenblätter stark einrollen können. Dies alles verleiht der Blüte trotz ihrer Größe eine duftige Zartheit und die Eigenschaft, sich mit fast allen anderen Blütenfarben zu sehr aparten Farbklängen zu verbinden, was bei Blüten im Vollton-Sonnengelb nur selten möglich ist. 'Elina'® bezaubert darüber hinaus durch ihren Blütenreichtum und ihr dichtes, schönes, krankheitsresistentes Laub. Als Pflanzabstand empfiehlt sich 35 bis 40 cm.

▶ Wichtige Preise gewann die ebenfalls sehr gesunde, duftige Nostalgie-Edelrose 'Sterntaler'® (Synonyme: 'Abbyfield Gold', 'Golden Fairy Tale') aus dem Hause Kordes mit ihrem zum Rand hin aufhellenden Gelb, dem auch Rottöne beigemengt sein können.

Blüte öfterblühend; gefüllt; ø 14 cm; primelgelb, auslaufend zu cremeweiß; zarter Duft

Wuchs 70–90 cm hoch; stark; aufrecht; breitbuschig

Besonderheit Weltrose 2006; ADR-Prädikat 1987; gesund; verträgt Hitze und Regen; gute Schnittrose

Gestaltung für Blumenbeete, Rabatten; einzeln oder in Gruppen; bezaubernd als Hochstamm

Züchter Dickson, Einführung 1984, Nordirland

‘BANZAI ‘83’

EDELROSE, TEEHYBRIDE / Synonym: ‘Spectra’

Blüte dauerblühend; dichtgefüllt; ø 8–10 cm; goldgelb mit orangerot; duftend
Wuchs 70–90 cm hoch; kräftig; straff und sparrig; aufrecht; buschig
Besonderheit robust und gesund; regenfest; hitzeverträglich; gute Schnittrose
Gestaltung für Blumenbeete, Rabatten; einzeln und in Gruppen
Züchter Meilland 1983, Frankreich

In den warmen Tönen eines Sonnenuntergangs beginnen Beete zu erstrahlen, in denen mehrere Teehybriden der Sorte ‘Banzai ‘83’ den Ton angeben. Im Juni entfalten sich aus gelben Knospen mit roter Zeichnung die goldgelben Blüten, die unregelmäßig orangerot umrandet sind. Sie stehen fast immer einzeln auf den kräftigen Stielen und heben sich mit großer Leuchtkraft von den dunkelgrünen, glänzenden Blättern ab. Charakteristisch für die reichblühende Sorte ist ihre exzellente Regenfestigkeit sowie die robuste Widerstandskraft des Laubs gegen Pilzbefall wie Mehltau und Sternrußtau. Für ein sonniges Duftbeet, zum Beispiel in Sitzplatznähe oder vor einem Pavillon, kommen sieben Rosen auf den Quadratmeter. Ansonsten setzt man die Sorte mit 35 cm Abstand.

◀ Wesentlich intensivere Lachsorangetöne zeigt die bis 1 m hohe ADR-Edelrose ‘Alexander’®, deren duftende Blüten sich durch gute Fernwirkung auszeichnen. Da die Blüten häufig in Büscheln an den Trieben stehen, erinnert die Sorte etwas an eine Beetrose.

'JUST JOEY'®

EDELROSE, TEEHYBRIDE

Edelrosen zeichnen sich durch die Schönheit ihrer Blüten aus, sei es durch die besondere Blütengröße, sei es durch Form, Farbe oder Duft. 'Just Joey'® vereint all diese Kriterien in sich. Kein Wunder, dass sie nach vielen internationalen Auszeichnungen 1994 zur Weltrose gekürt wurde. Die Blüten öffnen sich in kräftigem Apricot-Orange mit anmutig gewellten Blütenblättern, die allmählich im Zentrum der Blüte orangefarbene Staubgefäße enthüllen. Mit zunehmendem Entfalten verblassen die Blüten zum Rand hin in rosa überhauchte Cremetöne. Eine traumhafte Kombination zur zweiten Hauptblüte im Spätsommer bildet 'Just Joey'® zum Beispiel mit Schafgarbe (*Achillea filipendulina*), einjährigem Sonnenhut (*Rudbeckia hirta*) und Silberimmortelle (*Anaphalis triplinervis*).

▶ Ein herrliches Farbenspiel von Gelb-Orange-Tönen zeigt auch 'Lolita'®. Die 70 cm hohe ADR-Rose entfaltet aus kupfrigen Knospen goldgelbe, rötlich überhauchte Blüten, deren Schönheit und Bouquet die Sinne berauschen.

BLÜTE öfterblühend; gefüllt; ø 10–12 cm; lachsorange, an den Rändern cremefarben mit rosa Hauch; intensiver Duft

WUCHS 60–100 cm hoch; straff aufrecht

BESONDERHEIT Weltrose 1994; geeignet für Gefäße; gute Schnittrose

GESTALTUNG für Blumenbeete, Rabatten; einzeln oder in Gruppen

ZÜCHTER Cant 1972, Großbritannien

'INSPIRATION'

EDELROSE, TEEHYBRIDE / Synonym: 'Inspiration 2000'

Die riesigen, edelrosenartigen Blüten von 'Inspiration' entzünden über dem großen, sehr gesunden und mittelgrünen Laub ein Feuerwerk an Farben. Dabei erinnern sie an bunte Paradiesvögel, wenn sie sich aus urnenförmigen, rosa Knospen zu hochgebauten Blüten entfalten, deren kühles Rosa von innen zunehmend golden durchglüht zu werden scheint. Ein Spektakel, das den Blick nach wahrer Edelrosen-Manier bannt – sei es im Beet oder in der Vase. Auch dort begeistern die Blüten durch lange Haltbarkeit. Sehr ähnlich in Farbenspiel, Blütengröße und -aufbau ist übrigens auch 'Fairest Cape'® (Kordes 2005), die schon mehrfach Auszeichnungen erhielt. Kreiert wurden beide Male gesunde Sorten mit typischen Edelrosenblüten, deren moderne Farbigkeit sie zum ästhetischen Faszinosum macht.

Blüte öfterblühend; gefüllt; ø 10 cm; außen rosa, innen lachsrosa mit gelb; kein Duft
Wuchs 70–80 cm hoch; aufrecht; buschig
Besonderheit ADR-Prädikat 2005; regenfest; hitzeverträglich; gute Schnittrose; gesund; geeignet für Gefäße; winterhart
Gestaltung für Blumenbeete, Rabatten; einzeln oder mit 35 cm Abstand in Gruppen; bezaubernd als Hochstamm
Züchter Noack 2003, Deutschland

▼ Eine ähnliche Farbigkeit zeigt auch die betörend duftende 'Augusta Luise'® (Synonyme: 'Rachel', 'Fox Trot') aus dem Hause Tantau, die jedoch als Nostalgie-Edelrose mit flachen, dichtgefüllten Rosettenblüten aufwartet.

'DUFTWOLKE'®

EDELROSE, TEEHYBRIDE / Synonyme: 'Fragrant Cloud', 'Nuage Parfumé'

Blüte öfterblühend; gefüllt; ø 10–12 cm; korallenrot; berauschender Duft
Wuchs 50–70 cm hoch; aufrecht; buschig
Besonderheit Weltrose 1981; ADR-Prädikat 1964; Duft- und Schnittrose, gut winterhart
Gestaltung für Blumen-, Duftbeete und Rabatten; als Hochstamm
Züchter Tantau 1963, Deutschland

Die für ihren starken Edelrosen-Duft weltbekannte Sorte beginnt schon sehr früh im Juni zu blühen. Ihre großen Blüten stehen meist zu mehreren in Büscheln zusammen und öffnen sich aus typischen spitz eiförmigen Edelrosen-Knospen. Ihr anfängliches Orangerot geht im Verblühen dann allmählich in ein kühleres Purpurrot über und verströmt während der ganzen Blütezeit einen betörenden Duft. Diese Blumen wollen aus der Nähe genossen werden, zum Beispiel nah an Sitzplatz und Terrasse, als Schnittblumen oder gar in der Rosen-Bowle. Trotz ihres ledrigen Laubs ist 'Duftwolke'® anfällig für Sternrußtau und wirkt, wenn sie nicht geschickt in eine Pflanzung integriert ist, mit ihren großen Blüten oft etwas plump. Auch Mittagshitze und längerer Regen können den Blüten schaden.

◄ Mit herrlichen Rosettenblüten in Korallenrot zieht auch 'Holsteinperle'® (Synonyme: 'Heidi Kabel', 'Testa Rossa') alle Blicke auf sich. Sie duftet jedoch nicht, ist dafür allerdings sehr wetterfest und gut haltbar in der Vase.

'SUPER STAR'®

Synonym: 'Tropicana' / EDELROSE, TEEHYBRIDE

Als 'Super Star'® die Rosenbühne betrat, war ihr reines Lachsorange, das bis zum Verblühen seine Leuchtkraft bewahrt und an die klassische Schönheit ihrer edlen Blütenform gekoppelt ist, ein bis dahin unerreichtes Faszinosum. Kein Wunder, dass sie weltweit höchste Auszeichnungen erhielt. Ein weiterer Pluspunkt ist die Reichblütigkeit und Blühwilligkeit der Sorte, die nicht nur Schnittblumen mit herrlich fruchtigem Duft liefert, sondern nach dem Schnitt unermüdlich neue Blüten nachbildet. Der Flor ist relativ regenfest. Die Rose sollte jedoch einen Platz erhalten, an dem sie nicht der Mittagssonne ausgesetzt ist, da ihre Blüten unter extremer Hitze und Sonne etwas verblassen. Wichtig ist auch ein luftig freier Standort ohne allzu dicht stehende Nachbarpflanzen, da sie anfällig für Mehltau ist.

▶ Eine ähnlich brillante Leuchtkraft wie 'Super Star'® erzielt auch 'Caribia'® (Synonyme: 'Harry', 'Harry Wheatcroft') – allerdings durch exotische Zweifarbigkeit, wobei die Außenseiten der Petalen goldgelb, innen hingegen kräftig rot und gelb gestreift sind.

Blüte dauerblühend; gefüllt; ø 8–10 cm; lachsorange; starker Duft

Wuchs 60–80 cm hoch; kräftig; straff aufrecht; buschig

Besonderheit anfällig für Mehltau; gute Schnittrose; winterhart

Gestaltung für Blumen-, Duftbeete und Rabatten; bezaubernd als Hochstamm

Züchter Tantau 1960, Deutschland

'BARONNE EDMOND DE ROTHSCHILD'®

EDELROSE, TEEHYBRIDE

Blüte öfterblühend; dichtgefüllt; ø 12 cm; innen kräftig purpurrosa mit silbriger Petalenaußenseite; herrlicher, starker Duft
Wuchs 80–100 cm hoch; sehr kräftig; straff aufrecht
Besonderheit ADR-Prädikat 1971; Duft- und Schnittrose; regenfest; winterhart
Gestaltung für Blumen-, Duftbeete und Rabatten
Züchter Meilland 1968, Frankreich

'Baronne Edmond de Rothschild'® ist eine erlesene Duftrose voller wünschenswerter Eigenschaften. Ihre großen, attraktiven Blüten stehen meist einzeln an den kräftigen Trieben und erfreuen durch lange Haltbarkeit in der Vase und in Dekorationen. Die Pflanze selbst treibt nach einem Schnitt willig und reichblühend nach. Dabei ist sie anspruchslos und sehr gesund, da sich das große, hochglänzende, ledrig-derbe Laub als erstaunlich widerstandsfähig gegen Pilzerkrankungen erweist. Selbst in rauen Lagen, in denen man besser auf so manche Edelrose verzichtet, enttäuscht 'Baronne Edmond de Rothschild'® nicht. In Pflanzkombinationen sollte ein Abstand von 35 cm eingehalten werden. Wer sich ein ganzes Duftbeet mit der Edelrose gestalten will, setzt sieben Pflanzen pro Quadratmeter.

'HIDALGO'®

Synonym: 'Michel Hidalgo' / EDELROSE, TEEHYBRIDE

Die dunkelrote Edelrose ist oft im Strauß und als Liebeserklärung begehrter als im Garten. Wer jedoch den Garten nicht nur mit roten Blüten, sondern auch mit süßen Odeurs beleben möchte, wird bei Edelrosen eher fündig. Ein Klassiker ist zum Beispiel 'Hidalgo'®, die zusammen mit anderen Duftpflanzen in ein Duftbeet an der Terrasse integriert werden kann. Dabei sollte man die Rose mit 30 cm Abstand pflanzen oder bei flächiger Anlage neun Exemplare pro Quadratmeter setzen. Wer weniger an dunkelroten Klassikern interessiert ist und mehr Wert auf Pflegeleichtigkeit und Gesundheit legt, kann unter neueren Edelrosen sogar Sorten finden, die diese Eigenschaften mit herrlichem Duft verbinden, wie zum Beispiel 'Liebeszauber'® (Synonym: 'Crimson Spire', 'Love's Magic', Kordes 1991).

▶ Mit eleganten, samtig roten Blüten, die allerdings nur leicht duften, entzückt 'Burgund '81'® (Synonyme: 'Kordes' Rose Burgund', 'Loving Memory', 'Red Cedar') sommerlang. Die Rose kann in Kübeln als Hochstamm auch auf der Terrasse Einzug halten.

BLÜTE dauerblühend; gefüllt; ø 10–12 cm; samtig dunkelrot; intensiver Duft
WUCHS 80–100 cm hoch; straff aufrecht
BESONDERHEIT robust; gute Duft- und Schnittrose; winterhart
GESTALTUNG für Blumen-, Duftbeete und Rabatten
ZÜCHTER Meilland 1979, Frankreich

'INGRID BERGMANN'

EDELROSE, TEEHYBRIDE

Blüte öfterblühend; gefüllt; ø 12 cm; samtig dunkelrot; duftend
Wuchs 70–100 cm hoch; kräftig; straff aufrecht; buschig
Besonderheit Weltrose 2000; robuste Einsteiger-Rose; gute Schnittrose; winterhart
Gestaltung für Blumenbeete und Rabatten; einzeln oder in Gruppen; bezaubernd als Halb- und Hochstamm
Züchter Poulsen 1984, Dänemark

Dass sie keine alles überwältigende Duftrose ist, verzeiht man 'Ingrid Bergmann' gerne. Dafür entschädigt sie mit Robustheit, Blühfreude, Wüchsigkeit und traumhaft dunklen Purpurtönen, die in der Sonne an feurigem Leben gewinnen. Im Juni drehen sich die eleganten, schlanken Knospen allmählich zu starkgefüllten, edlen Blumen auf. Wunderschön stehen sie auf kräftigen Stielen über einer Bepflanzung mit blauvioletter Blauer Katzenminze (*Nepeta × faassenii*). Aber auch in Kombination mit rot-weißen Rosen (wie 'Papageno'®, S. 166) und sommerlang weiß blühender Prachtkerze (*Gaura lindheimeri*) oder als sporadisch eingetupfter Akzent (auch als Hochstamm) in einer rosa-weißen Bepflanzung kommen die Vorzüge der wunderschönen Edelrose bestens zur Geltung. Man pflanzt sie mit 35 cm Abstand.

'GRANDE AMORE'

Synonym: 'Walter Sisulu' / EDELROSE, TEEHYBRIDE

Leuchtend kühles Karminrot lässt sich im Garten sehr viel leichter zu malerischen Kombinationen verstricken als Scharlachrot, das zusammen mit Volltönen von Orange und Sonnengelb in den Vordergrund drängt und den Eindruck von Nähe und Dichte erweckt. Solche intensiv warmtonigen Beete und Rabatten sehen in großen Gärten hinreißend aus, kleine Gärten lassen sie jedoch noch kleiner und gefüllter erscheinen. Dieses Problem bereitet 'Grande Amore' nicht. Wenn sich ab Juni aus spitzen, hohen Edelrosenknospen die Blüten zu prächtigen Schalen und dann zu flachen Rosetten entfalten, krönen sie Beet und Rabatte mit romantischer Pracht, die sich sehr gut mit blauen, violetten, rosa und weißen Partnern vergesellschaften lässt, aber auch wunderbar zu Gelb- und Apricottönen passt, wenn sie pastellig aufgehellt sind.

▶ Wegen ihres Bouquets aus Rose und Vanille wurde die Parfum-Rose Delbards 'Le Rouge et le Noir' schon hoch dekoriert. Ob als 80 cm hohe Edelrose oder als Hochstamm beseelt sie den Garten aber auch mit ihren samtigen, dunkelroten Blüten.

Blüte öfterblühend; gefüllt; ø 8–10 cm; leuchtendes Purpurrot; leichter Duft
Wuchs 60–80 cm hoch; aufrecht; breitbuschig
Besonderheit ADR-Prädikat 2005; gesunde Einsteiger-Rose; hitzeverträglich; gute Schnittrose; winterhart
Gestaltung für Blumenbeete, Rabatten; einzeln oder in Gruppen
Züchter Kordes 2004, Deutschland

‘EROTIKA’®

EDELROSE, TEEHYBRIDE / Synonyme: ‘Erotica’, ‘Eroica’

Blüte öfterblühend; gefüllt; ø 8–11 cm; samtig dunkelrot; wundervoller Duft
Wuchs 80–100 cm hoch; stark; straff aufrecht
Besonderheit ADR-Prädikat 1969; regenfest; hitzeverträglich; gute Duft- und Schnittrose; winterhart
Gestaltung für Duft-, Blumenbeete und Rabatten; bezaubernd als Hochstamm
Züchter Tantau 1968, Deutschland

Diese altbekannte, bewährte Rose ist ein Klassiker unter den Edelrosen. Ihre schlanken, hohen Knospen, die meist einzeln auf kräftigen, langen Stielen stehen, entfalten sich im Juni spiralig zu großen, duftenden Blüten. Die dunklen, samtig blutroten Petalen, die sich nur leicht umschlagen, formen eine perfekte Blütengestalt, die sich durch Farbbeständigkeit und Wetterfestigkeit auszeichnet. Auch das große, dunkelgrüne, dichte Laub erweist sich an guten Rosenplätzen als gesund. Mit ihrem geheimnisvollen, samtig weichem Dunkelrot sind die Blüten wie geschaffen für Sträuße, Gestecke und andere Dekorationen. Ungespritzte Blüten können auch für Rosenrezepte wie Rosenzucker, Rosengelee, Rosenbowle, Salat mit Rosenblüten, Rosentorte usw. verwendet werden.

'MILDRED SCHEEL'®

Synonym: 'Deep Secret' / EDELROSE, TEEHYBRIDE

'Mildred Scheel'® ist eine extravagante Sorte für alle, die das Besondere oder eine Krönung für ein Duftbeet suchen. Im Juni entfalten sich in samtigem Dunkelrot die dichtgefüllten Blüten aus großen, fast schwarzen Knospen. Sie stehen einzeln oder mit zwei bis drei weiteren auf kräftigen Trieben. Während sich die Blüten langsam öffnen, gehen ihre äußeren Blütenblätter allmählich zum Rand hin in Schwarzrot über und duften betörend. Soweit nicht Dauerregen ihre Entwicklung behindert oder volle Sonne am Mittag die roten Petalen verbrennt, halten die Blüten ungewöhnlich lange. Sie sind wie geschaffen für Dekorationen und die Rosenküche. Nachbarn in hellerem, kühlen Rot oder hohe, violette Schleierverbenen (*Verbena bonariensis*) heben die Blütentöne besonders hervor.

▶ Ein Glücksfall für Liebhaber bordeauxroter Rosen ist 'Traviata' (Synonym: 'Xavière'). Die Moderne Romantica Rose aus dem Hause Meilland verbindet beste Gesundheit, Regenfestigkeit und Frosthärte mit romantischer Blütenfülle – allerdings ohne Duft.

Blüte öfterblühend; dichtgefüllt; ø 8–10 cm; tief dunkelrot; überragender Duft

Wuchs 80–100 cm hoch; kräftig; aufrecht; breitbuschig, verzweigt

Besonderheit ADR-Prädikat 1978; perfekte Duft- und Schnittrose

Gestaltung für Duft-, Blumenbeete und Rabatten; bezaubernd als Hochstamm

Züchter Tantau 1976, Deutschland

'PAROLE'®

EDELROSE, TEEHYBRIDE / Synonyme: 'Buxom Beauty', 'XXL'

Blüte öfterblühend; gefüllt; ø 14 cm; kräftig pinkfarben mit lila Hauch; betörender Duft
Wuchs 70–90 cm hoch; stark; aufrecht
Besonderheit prämierte Duftrose; robust; gesund; gute Schnittrose; winterhart
Gestaltung für Duft-, Blumenbeete und Rabatten; einzeln oder in Gruppen; bezaubernd als Hochstamm
Züchter Kordes 2001, Deutschland

Zuchtziel bei Edelrosen war immer das Außergewöhnliche, sei es in Farbe, Form oder Duft. Zum gegenwärtigen Farbtrend der Lachs- und Apricottöne lässt sich nun bei Edelrosen gehäuft ein neuer Nostalgie-Farb-Gag entdecken, wobei sich Farbkombinationen von Dunkelrosa und kräftigem Pink mit lila Hauch mit nostalgischen Blütenformen verbinden. 'Parole'® intoniert dieses Thema mit edel geformten Riesenblüten, die ein berauschendes Rosenparfum verströmen. Das Farbenspiel der Blüten ist faszinierend. Die noch jungen Blütenblätter kleiden sich in wärmeres, dunkles Pink. Sind sie längere Zeit geöffnet, hellen sie vom Rand her zu kaltem Lila-Pink auf. Die Rose überzeugt aber nicht nur durch Leuchtkraft und Duft, sondern ist auch außerordentlich krankheitsresistent.

◀ Ein ähnliches Farb- und Duftwunder ist 'Mainauduft' (Synonyme: 'Lolita Lempicka', 'First Blush', 'Peter Mayle'), eine robuste Duftrose der Provence von Meilland, zu deren Himbeerrosa sich Himbeeraromen im Duft gesellen.

'BIG PURPLE'

Synonyme: 'Nuit d'Orient', 'Stephens' Big Purple' / EDELROSE, TEEHYBRIDE

Mit ihren großen, rosettenartigen Blüten und der ungewöhnlichen Blütenfarbe wird 'Big Purple' schnell zum Blickfang im Garten. Ihr kräftiges Purpurviolett nimmt im Verblühen noch zu. Auch Regen und Sonne kann ihm kaum etwas anhaben. Um die Schönheit der Blüten aus nächster Nähe zu genießen, kann man einzelne Blüten abnehmen und in einer Schale mit Wasser oder in einem transparenten, mit Wasser gefüllten Windlichtglas schwimmen lassen. Auf diese Weise muss man nicht, wie für einen Strauß, die Rose all ihrer Pracht berauben. Wer Blüten für Dekorationen oder Potpourris trocknen möchte, sollte sie möglichst mit der Öffnung nach oben 10 Tage lang rundum in einem luftdichten Gefäß in Silikagel betten. Dies bewahrt die Blütenfarben am besten.

Blüte öfterblühend; dichtgefüllt; ø 10 cm; kräftiges Lila; intensiver Duft

Wuchs 80–100 cm hoch; kräftig; aufrecht

Besonderheit regenfest; toleriert Hitze; gute Duft- und Schnittrose; Winterschutz

Gestaltung für Duft-, Blumenbeete und Rabatten; einzeln oder in Gruppen

Züchter Stephens 1986, Neuseeland

'ELIZA'®

EDELROSE, TEEHYBRIDE / Synonym: 'Koraburg'

Blüte dauerblühend; gefüllt; ø 9 cm; silbrig-rosa; leichter Duft
Wuchs 70–90 cm hoch; aufrecht; sehr buschig
Besonderheit ADR-Prädikat 2005; robuste Einsteiger-Rose; sehr resistent; regenfest; toleriert Hitze; sehr winterhart
Gestaltung für Blumenbeete, Rabatten; einzeln oder in Gruppen
Züchter Kordes 2004, Deutschland

Vieles an 'Eliza'® erinnert an den Rosen-Star 'The Queen Elizabeth Rose': ihre großen Blüten, die häufig in Dolden erscheinen, ihr edler silbrig-rosa Farbton, ihr bis zum Frost anhaltender Blütenreichtum, ihre Winterhärte, die sie auch für raue Regionen und Höhenlagen geeignet macht, sowie die Widerstandskraft ihrer dunkelgrünen, leicht glänzenden Blätter gegen Mehltau und vor allem gegen Sternrußtau. Da 'Eliza'® gut verzweigt und buschig heranwächst, kann sie zusammen mit einer Vorpflanzung von Lavendel (*Lavandula angustifolia*) Wege mit lang währendem Flor säumen, aber auch kleine Blütenhecken als Raumteiler in den Garten einziehen. In Blumenbeeten oder in gemischten Rabatten ist ihr Platz vorwiegend in der Mitte, sodass vorgepflanzte niedrigere Stauden ihre Basis verdecken.

◄ Silbrig aufgehellt sind auch die regenfesten, lachsrosa Blüten von 'Aachener Dom'® (Synonyme: 'Panthère Rose', 'Pink Panther'). Die Petalen der robusten Edelrose behalten jedoch immer einen dunkelrosa Rand.

'MEILLAND'S ROSE ELBFLORENZ'

EDELROSE, TEEHYBRIDE

Die nagelneue Nostalgie-Edelrose bezaubert mit ihrer robusten Blühwilligkeit und dem frischen Rosa ihrer großen, nostalgischen Blüten, die oft in kleinen Büscheln erscheinen. Sobald diese sich ganz entfaltet haben, erinnern sie mit ihren dicht an dicht sitzenden, gerüschten Petalen etwas an Paeonien und hellen, wie viele dieser Stauden, randlich auf. Liebhaber von Duftarrangements werden 'Meilland's Rose Elbflorenz' nicht nur wegen ihres frischen Fuchsiarots ins Herz schließen, sondern auch wegen ihres überragenden Dufts. Im Kübel auf der Terrasse oder in Duftbeeten kann die Edelrose ihre kräftige zitronige Note mit den Odeurs anderer Pflanzen zu einem neuen Duft-Bouquet vermengen. Wer sich gar ein ganzes Duftbeet mit dieser Rose wünscht, sollte sechs bis sieben Pflanzen auf einem Quadratmeter verteilen.

▶ Stark duftende Blüten besitzt auch die violett-roséfarbene 'Duftrausch'® (Synonyme: 'Old Fragrance', 'Senteur Royale'). Die bis 80 cm hohe, sehr buschige Edelrose ist besonders hitzeverträglich, benötigt aber Winterschutz.

Blüte öfterblühend; dichtgefüllt; ø 8–10 cm; fuchsiarot; hinreißender Duft
Wuchs 60–80 cm hoch; stark; straff aufrecht
Besonderheit robust; gesund; regenfest; toleriert Hitze; Schnittrose; winterhart
Gestaltung für Duft-, Blumenbeete und Rabatten; einzeln oder in Gruppen
Züchter Meilland 2006, Frankreich

'LA NINA'

EDELROSE, TEEHYBRIDE

Den Charme einer Nostalgie-Edelrose versprüht 'La Nina', wenn sich im Juni aus hellrosa Knospen ihre edlen Blüten spiralig entfalten. Während sich im Mittelpunkt der Blüte ihr zartes Rosa verdichtet, verblassen die randlichen Petalen zu cremefarbenem Porzellanrosa und schlagen sich leicht zurück. Die Blüte bewahrt dennoch ihre rundliche, geschlossene Form und gewinnt dadurch ein duftiges, romantisches Aussehen. Da meist drei bis fünf Blüten an einem geraden, kräftigen Stiel zusammenstehen, wirkt der Blütenansatz dicht und reich. Das glänzende Laub der Rose zeigt nur selten einen Befall von Mehltau und Sternrußtau. Dennoch sollte man darauf achten, dass Pflanzennachbarn nicht zu eng stehen, damit Regen und Tau auf den Blättern schnell abtrocknen können.

Blüte öfterblühend; dichtgefüllt; ø 8–9 cm; zartrosa; leichter Duft
Wuchs 60–80 cm hoch; aufrecht; buschig
Besonderheit robust; toleriert Hitze; krankheitsresistent; gute Schnittrose
Gestaltung für Blumenbeete, Rabatten; einzeln oder in Gruppen
Züchter Meilland 2004, Frankreich

▼ Große, dichtgefüllte, nostalgisch geviertelte Blütenschalen in rosaüberhauchtem Cremeweiß verleihen auch 'Sebastian Kneipp' (Synonyme: 'Amoretto', 'Fragrant Memories') das Flair Alter Rosen. Die Nostalgie-Edelrose ist gesund und duftet süß.

'DOUBLE DELIGHT'

EDELROSE, TEEHYBRIDE / Synonym: 'Andeli'

Blüte öfterblühend; gefüllt; ø 13 cm; cremeweiß mit rot; herrlicher Duft
Wuchs 50–70 cm hoch; aufrecht; buschig
Besonderheit Weltrose 1985; anfällig für Mehltau; gute Schnittrose; für Gefäßkultur geeignet; Winterschutz
Gestaltung für Duft-, Blumenbeete und Rabatten; einzeln oder in Gruppen
Züchter Swim & Ellis 1977, USA

'Double Delight' ist eine extravagante Duftrose von auffallendem Aussehen. Die elegante Blüte präsentiert sich beim Öffnen cremeweiß, wobei die Ränder ihrer Blütenblätter unregelmäßig rubinrot gesäumt sind. Beim weiteren Entfalten vermehrt sich das Rot und bildet dabei stets einen interessanten Kontrast zum helleren Inneren der Blüten. Der Name der Liebhaberrose ist Programm: Sie entzückt Auge und Nase – selten jedoch den Rosengärtner. Denn die buschige Edelrose ist so schön wie anspruchsvoll. Gewähren ihr Standort, Pflege und Wetter nicht optimale Bedingungen, trotzt sie unweigerlich mit Mehltau. Auch unter Regen leiden die Blüten und verkleben beim Öffnen. Dennoch wurde 'Double Delight' als Duftschönheit 1985 zur Weltrose gekürt.

◀ Zweifarbigkeit ist ein beliebtes „Thema" bei Edelrosen. Bei der ADR-Rose 'Rebecca'® (Synonym: 'Renica') sind die Blütenblätter an der Außenseite gelb, an den Innenseiten kräftig in hellem, warmem Rot gefärbt und unterstreichen damit die klassische, edle Blütenform.

'PULLMANN ORIENT EXPRESS'

Synonym: 'Love & Peace' / EDELROSE, TEEHYBRIDE

Farbenreich und mit großer Fernwirkung präsentiert sich die Edelrose 'Pullmann Orient Express'. Ausschlaggebend dafür sind ihre gelben Edelrosenblüten mit dem unregelmäßigen dunkelrosa Rand, die sich in einem starken Farbkontrast von ihrem dunkelgrünen, glänzenden Laub abheben. Die Rose erweist sich als sehr blühfreudig, wobei die Blüten in klassischer Edelrosen-Tradition einzeln auf den kräftigen Trieben stehen. Dazu duften sie intensiv und kommen mit vorübergehendem Regen und Hitze gut zurecht. Wie ein exotischer Paradiesvogel kann die Rose als Hochstamm in Beet oder Kübel vorwiegend grüne Gartenpartien mit fröhlichen Farbtupfern beleben. Wird sie trotz ihrer gelackt wirkenden Blätter von Pilzkrankheiten befallen, sollte man umgehend mit einem Fungizid spritzen.

▶ Mit ähnlicher Blütenform und Farbzeichnung fasziniert 'Jubilée du Prince de Monaco' (Synonym: 'Cherry Parfait'). Allerdings sind ihre Blüten rahmweiß mit rotem Rand und stehen wie bei Beetrosen in kleinen Büscheln über dem Laub.

Blüte öfterblühend; gefüllt; ø 8 cm; gelb mit dunkelrosa; duftend

Wuchs 60–80 cm hoch; stark; aufrecht

Besonderheit regenfest; toleriert Hitze; gute Schnittrose; Winterschutz

Gestaltung für Blumenbeete, Rabatten; bezaubernd als Hochstamm

Züchter Baily Nurseries/ Meilland, 2002, USA

'BLUE RIVER'®

EDELROSE, TEEHYBRIDE

Blüte öfterblühend; dichtgefüllt; ø 8–10 cm; magentalila mit dunklerem Rand; starker, köstlicher Duft
Wuchs 70–80 cm hoch; aufrecht; buschig
Besonderheit prämierte Duftrose; anfällig; gute Schnittrose; Winterschutz
Gestaltung für Duft-, Blumenbeete und Rabatten; einzeln oder in Gruppen
Züchter Kordes 1984, Deutschland

Auch wenn gelegentlich „blaue“ oder „schwarze“ Rosen angeboten werden, gehören sie doch immer noch ins Reich der Fantasie. Das Bestreben, diese Rosenfarben zu züchten, hat jedoch vor allem bei den Edelrosen malerische Sorten in Violett, Fliedertönen oder Schwarzrot hervorgebracht. 'Blue River'® ist ein solch „blaues“ Beispiel mit ihren großen, wunderschönen, magentalila Blüten, die nach innen wie überstäubt aufhellen, während sich die randlichen Petalen dunkler abzeichnen. Die Blüten stehen meist zu mehreren in Büscheln und duften berauschend. Ob in einem Duft- oder Staudenbeet, die Nachbarn sollten nicht zu eng an die Rose gepflanzt werden und einen Mindestabstand von 35 cm einhalten. Denn leider ist sie, wie alle Sorten dieser Farbgruppe, anfällig für Sternrußtau.

◄ Apartes Fliederlila und herrlicher Duft zeichnen auch die ADR-Rose 'Mainzer Fastnacht' (Synonyme: 'Blue Moon', 'Blue Monday', 'Blue Girl', 'Sissi') aus. Die Liebhaber-Sorte ist blühfreudig und winterhart.

'BARKAROLE'®

Synonyme: 'Grand Château', 'Taboo' / EDELROSE, TEEHYBRIDE

Mit ihren schlanken, hohen Knospen, die sich spiralig öffnen, und ihren leicht zurückgeschlagenen Petalen in samtigem Dunkelrot sichern die einzeln auf langen Stielen stehenden Blüten 'Barkarole'® einen Platz in der nobility der Edelrosen. Die hohe, buschig wachsende Sorte blüht bis in den Spätherbst hinein, ohne regenanfällig zu sein. Lediglich in Südlage können die Blüten bei voller Mittagssonne Hitzeschäden davontragen. Ungewöhnlich an 'Barkarole'® ist ihr buschiger, kräftiger Wuchs, da die meisten „schwarzen" Rosen eher zögerlich im Wuchs und krankheitsanfällig sind. Auch darin weicht 'Barkarole'® vom Üblichen ab, denn sie erweist sich als sehr widerstandsfähig gegen Sternrußtau. Mehltau hingegen kann vorkommen und sollte sogleich mit Fungiziden behandelt werden.

▶ Noch dunkler als 'Barkarole'® fasziniert mit tiefem, schwarzrotem Samtglanz 'Black Baccara' (Meilland 2002). Leider ist die bisher dunkelste der schwarzen Rosen ohne Duft und sehr anfällig für Pilzerkrankungen.

Blüte öfterblühend; dichtgefüllt; ø 8–11 cm; dunkelrot; köstlicher Duft
Wuchs 80–130 cm hoch; aufrecht; buschig
Besonderheit weltbekannte Spitzensorte; regenfest; gute Schnittrose
Gestaltung für Duft-, Blumenbeete und Rabatten; einzeln oder in Gruppen; bezaubernd als Hochstamm
Züchter Tantau 1987, Deutschland

KLEINSTRAUCH-ROSEN

KLEINSTRAUCHROSEN

Drei Wuchsprogramme – eine Funktion

Bis vor kurzem nannte man diese Gruppe der Modernen Gartenrosen „Bodendecker", nach der speziellen Fähigkeit, den Boden so dicht abzudecken, dass Unkräuter darunter nicht aufkommen können. Wichtigste Merkmale dieser Rosen sind: ein äußerst gesundes, dichtes Laub, ein buschiger Wuchs, eine anhaltende Fülle gleichmäßig über dem Laub sitzender Blüten, dazu Wetterfestigkeit und Pflegeleichtigkeit. Tatsächlich sind diese Rosen extrem gesund und frosthart. Da sich jedoch in ihrer Gruppe Sorten mit recht unterschiedlichen Wuchsformen zusammenfinden, irritiert dies manchen Gartenliebhaber, sodass er sich von diesen gestaltungsreichen Rosen noch immer fernhält. Folgende Wuchsformen sind bei den Kleinstrauchrosen zu finden:

'The Fairy' ist mit ihrer reichen, anmutigen Blüte als 60 cm hoher Bodendecker ebenso bezaubernd wie als romantisches Hochstämmchen.

Flach niederliegende Sorten bilden Triebe, die am Boden aufliegen, ohne gleich von Krankheiten befallen zu werden. Man pflanzt sie in der Regel mit 40 cm Abstand oder nimmt für bodendeckende Bepflanzungen vier bis fünf Rosen pro Quadratmeter.

Buschig wachsende Sorten bilden bei flächiger Pflanzung dickere, höhere Rosenteppiche. Auch bei ihnen veranschlagt man einen Pflanzabstand von 40 cm sowie vier bis fünf Exemplare pro Quadratmeter. Soll die Beetoberfläche lockerer strukturiert sein, können auch nur drei Rosen pro Quadratmeter gesetzt werden. Bogig überhängende Sorten wachsen strauchig mit 1 bis 2 m Höhe. Sie bilden eine dicke, buschige Rosendecke. Die Pflanzabstände betragen je nach Sorte 50 bis 60 cm, wobei man bei flächigen Anlagen meist drei Rosen pro Quadratmeter vorsieht.

Seite 194/195

Kleinstrauchrosen vertragen Halbschatten und sind deshalb wie geschaffen als Unter- oder Vorpflanzung von Bäumen und Hecken. In Begleitung von Lavendel legt sich hier die bis 80 cm hohe Sorte 'Ballerina' einem Bäumchen zu Füßen.

Einladung zum Klettern

Kleinstrauchrosen mit langen, weichen Trieben kann man auch in Kästen oder Trögen an Spalieren zu einem Sichtschutz emporleiten.

Die strauchigen Bodendeckerrosen 'Lens Rose Pink Spray' und 'Lens Rose White Spray' kaschieren als üppige Vorpflanzung den kahlen Fuß der imposanten Strauchrose 'Rosarium Uetersen'® im Hintergrund

Multitalente der Gartengestaltung

Kleinstrauchrosen sind ideal für Böschungen und Hänge, neben Treppen, an Mauerkronen, an angeböschten oder abgesenkten Terrassen sowie im Beetvordergrund. Sie werden je nach Wüchsigkeit auf Fuß-, Halb- oder Hochstämme veredelt und beanspruchen dann im Beet oder Gefäß besonders wenig Platz.

Die meisten neueren Sorten blühen in Weiß, Rosa, Rot und Violett unermüdlich bis zum Herbst und lassen sich wunderbar mit Stauden vergesellschaften. Was bis vor kurzem fehlte, waren duftende Sorten und Blüten in Gelb und Orange. Dies lag daran, dass sowohl die Fähigkeit zu duften als auch die Farbe Gelb bei Rosen genetisch an wenig widerstandsfähiges Laub gekoppelt war. Da aber die Blätter dieser Rosen oft am Boden aufliegen oder dicht zusammenwachsen, muss gerade ihr Laub besonders robust sein. Inzwischen ist es jedoch gelungen, auch gesunde Kleinstrauchrosen in diesen Farben und mit Duft zu züchten.

Der Schnitt von Kleinstrauchrosen

Da diesen Rosen die Aufgabe zugedacht ist, den Boden schnell flächig abzudecken, um Unkraut zu unterdrücken, sollte ein jährlicher Schnitt unterbleiben, zumal ihre Blühfreudigkeit auch ohne Schnitt ungebrochen ist. Alle vier bis fünf Jahre sollte man sie jedoch verjüngen, indem man sie zwischen März und April wie Beetrosen auf 30 cm zurückschneidet. Dazu muss nicht Trieb für Trieb gekappt werden. Bei größeren bepflanzten Flächen kann man sich diese Arbeit mit einer Heckenschere oder einem Mähbalken erleichtern.

'WHITE MEIDILAND'

FLÄCHENROSE / Synonym: 'Blanc Meillandecor'

Blüte dauerblühend; dichtgefüllt; ø 6–8 cm; reinweiß; kein Duft
Wuchs 40–50 cm hoch; flachwüchsig bis überhängend
Besonderheit mehltauresistent; hitzeverträglich; für Gefäßkultur geeignet
Gestaltung für Blumenbeete, Rabatten, Hecken; einzeln, in Gruppen oder flächig; bezaubernd als Hochstamm
Züchter Meilland 1986, Frankreich

An duftige, runde Pompons erinnern die gefüllten, weißen Blüten von 'White Meidiland'. Im Juni öffnen sie sich zu dritt bis fünft an den flach überhängenden Trieben. Die Rose ist ein Sonnenanbeter, und obwohl sie Halbschatten toleriert, entfaltet sie doch ihre wahre Pracht erst in vollem Licht. Dann blüht sie überreich bis in den Spätherbst. Die Rose eignet sich in Kombination mit Stauden für Beet- und Rabattenränder, als dauerblühende Gruppe im Garten, als halbhohe Blütenhecke, kann aber auch im Kübel auf einer Säule oder einem Podest elegant die Gefäßränder überspielen oder die Blütenfülle aus der Höhe eines Hochstämmchens herabrieseln lassen. Bei einer flächigen Pflanzung benötigt man vier bis fünf Rosen pro Quadratmeter.

◄ Wie von Perlmuttrosa überhaucht wirken die halbgefüllten, nur 4 cm kleinen, weißlichen Blüten von 'Pearl Meidiland' (Synonym: 'Perle Meillandecor'). Am sonnigen Platz schmücken sie den breitwüchsigen, nur 50 cm hohen Kleinstrauch bis zum Frost.

'SCHNEEFLOCKE'®

Synonyme: 'Emera Blanc', 'Flower Carpet White', 'White Flower Carpet', 'Opalia' / FLÄCHENROSE

'Schneeflocke'® ist eine Spitzensorte der „Flower Carpet"-Serie aus dem Hause Noack, in der enorm gesunde und reichblühende Rosen mit vielseitiger Verwendbarkeit zusammengefasst werden. So kann 'Schneeflocke'® mit ihrem breitbuschigen Wuchs als dauerblühende Beetrose, als flächiger Bodendecker oder als vor Blüten überschäumendes Hochstämmchen zum Blickfang im Garten werden. Besonders anmutigen Charme verleihen dieser Sorte die leicht gewellten Blütenblätter in den weit offenen Blüten, in denen das Licht spielen kann. Sie lassen große Büschel gelber Staubgefäße erkennen und fallen nach dem Verblühen sauber ab. Danach überrascht die Rose mit erstaunlich schneller Blütenneubildung und ist bei alledem rundum gesund.

Blüte dauerblühend; halbgefüllt; ø 6 cm; reinweiß; leichter Duft

Wuchs 40–50 cm hoch; aufrecht; breitbuschig

Besonderheit ADR-Prädikat 1991; robuste Einsteiger-Rose; mehltauresistent; toleriert Hitze, Regen, Halbschatten; für Gefäßkultur geeignet

Gestaltung für Blumenbeete, Rabatten, Hecken; einzeln, in Gruppen oder flächig; bezaubernd als Fuß-, Halb- und Hochstamm

Züchter Noack 1991, Deutschland

'HEIDESOMMER'®

FLÄCHENROSE / Synonyme: 'Kordes' Rose Heidesommer', 'Cerennes'

Sobald 'Heidesommer'® im Juni ihre Blüten entfaltet, erweist sie sich als Energiebündel, das überschwänglich blüht und duftet. Vermutlich ist es ihr spezielles Odeur, das Bienen zuhauf anlockt. Trotz ihrer dezenten Farbe wirkt die Rose recht lebhaft. Denn ihre kleinen Blüten, die in dichten Büscheln an den Enden der Triebe stehen, präsentieren ein graziles Schauspiel von Weiß und Gelb. Weiß sind die weit geöffneten Petalen, Gelbtöne finden sich hingegen an den spitzen Knospen sowie im Blüteninneren und an den dichten Quasten der Staubgefäße. Die aufrecht breitbuschige Rose kann wie eine Beetrose in eine Staudenpflanzung integriert werden und bietet dann den Vorteil einer bezaubernden, sanftweißen Dauerstruktur, deren Farbton mit allen anderen Farben im Beet harmoniert. Möchte man sie flächig pflanzen, genügen vier Rosen pro Quadratmeter.

Blüte dauerblühend; halbgefüllt; ø 4–5 cm; weiß mit rahmweißer Mitte; süßer Duft
Wuchs 50–60 cm hoch; aufrecht; breitbuschig
Besonderheit toleriert Hitze und Regen; für Gefäßkultur geeignet; Bienenweide; winterhart
Gestaltung für Blumenbeete, Rabatten, Hecken; einzeln, in Gruppen oder flächig
Züchter Kordes 1985, Deutschland

'THE FAIRY'

FLÄCHENROSE / Synonyme: 'Fairy', 'Feerie', 'Féérie'

Blüte öfterblühend; dichtgefüllt; ø 2–3 cm; hellrosa; kein Duft
Wuchs 50–60 cm hoch; breitbuschig, dicht verzweigt
Besonderheit toleriert Hitze, Regen, Halbschatten; für Kübel und Ampeln geeignet; sehr winterhart
Gestaltung für Rabatten, Blumenbeete, Böschungen; einzeln, in Gruppen oder flächig; bezaubernd als Fuß-, Halb-, Hoch- und Kaskadenstamm
Züchter Bentall 1932, Großbritannien

'The Fairy' ist der Evergreen unter den Kleinstrauchrosen und zur Zeit – vor allem in Stämmchen-Form – wohl ebenso gefragt wie Anno Dazumal. Die zierliche Rose blüht erst im Juli auf, dann allerdings entfacht sie mit ihren kleinen, in dichten Büscheln erscheinenden Blumen einen wahren Blütenrausch, den sie von Ende August bis in den Herbst hinein wiederholt. Da die äußeren Triebe der Rose bogig überhängen, eignet sie sich für Hänge und Böschungen, kann sich aber auch an niedrige Mauern anlehnen und deren Fuß überspielen. Ein zauberhafter Blickfang ist sie am Terrassenrand, wo sie zwischen Sitzplatzfläche und Beet vermittelt. Daneben vermag sie als Hochstamm Beete mit einem Höhenelement zu krönen, das rosa Blütenwolken über der Bepflanzung im Parterre ausbreitet.

◀ Bezaubernde, nur 4 cm kleine rosa Blütchen entfaltet 'Simply' in großen Büscheln an einem bis 1 m hohen, überhängenden Strauch. Die sehr gesunde, ADR-prämierte Sorte eignet sich mit vier Rosen pro Quadratmeter auch gut für Böschungen und Hecken.

'SCHÖNE DORTMUNDERIN'®

FLÄCHENROSE

Die 'Schöne Dortmunderin'® blüht reich in großen Dolden bis zum Spätherbst. Dabei bezaubern ihre Blüten sowohl mit strahlender Fernwirkung wie aus der Nähe. Ihr klares Rosa verblasst zum Blütenrand hin zunehmend zu einem lichten Perlmuttrosa, sodass sie mitunter wie weiß umsäumt aussehen. Dieses Farbenspiel, aber auch die leichte Schalenform der Blüten, in denen das Licht sehr facettenreich spielen kann, lassen sie sowohl zart wie auch lebendig und frisch erscheinen. Mit ihrem straffen, buschigen Wuchs kann die 'Schöne Dortmunderin'® wie eine Beetrose Wege säumen, in Blumenbeete integriert werden oder einen Pavillon beziehungsweise eine Laube einfassen. Wer einen flächigen Auftritt der gesunden Rose plant, sollte vier Pflanzen pro Quadratmeter vorsehen.

Blüte dauerblühend; halbgefüllt; ø 4 cm; rosa

Wuchs 60–70 cm hoch; aufrecht; buschig

Besonderheit ADR-Prädikat 1992; sehr gesund; toleriert Hitze, Regen und Halbschatten; bezaubernd als Halb- und Hochstamm winterhart

Gestaltung für Blumenbeete, Rabatten, Hecken, Böschungen, Gehölzränder; einzeln, in Gruppen oder flächig

Züchter Noack 1991, Deutschland

‘SWEET HAZE’®

FLÄCHENROSE

Blüte dauerblühend; einfach; ø 5–7 cm; rosa; süßer Duft
Wuchs 50–70 cm hoch; aufrecht; sehr breitbuschig
Besonderheit ADR-Prädikat 2004; sehr gesunde Einsteiger-Rose; toleriert Hitze, Regen; geeignet für Gefäßkultur; winterhart
Gestaltung für Blumenbeete, Rabatten, Hecken; einzeln, in Gruppen oder flächig
Züchter Tantau 2003, Deutschland

Ein Wurf gelang dem Züchter Tantau mit dieser inzwischen mehrfach prämierten Rose, die die neue Generation der bodendeckenden Rosen aufs Anmutigste repräsentiert. Ab Juni entfalten sich ihre ungefüllten, zartrosa Blüten, die so reichlich erscheinen, dass sie den breitwüchsigen Strauch komplett überziehen. Dabei bieten sie ein reizvolles Farbenspiel von unterschiedlichsten Rosatönen, je nach ihrem Alter. Nach dem Verblühen fallen die Blütenblätter vollständig ab, sodass die Rose immer einen „sauberen“ Eindruck macht und neue Blüten nachschieben kann. Zur Freude ihrer Besitzer zeichnet ‘Sweet Haze’® außerdem eine herausragende Gesundheit aus und die Fähigkeit, bei flächiger Pflanzung (drei Pflanzen pro Quadratmeter) wirklich Unkraut zu unterdrücken.

'PALMENGARTEN FRANKFURT'®

Synonyme: 'Beauce', 'Our Rosy Carpet' / FLÄCHENROSE

'Palmengarten Frankfurt'® ist eine reichblühende Sorte, deren kühler Rosaton zusammen mit dem glänzenden Laub einen herrlichen Farbklang bildet. Die mittelgroßen Blüten erscheinen ab Juni in riesigen Doldenrispen am breitbuschigen, überhängenden Strauch. Die Rose ist das Paradebeispiel eines prächtigen Bodendeckers, der robust und äußerst gesund auch in weniger günstigen Lagen ist. Sie kann als einzelner Strauch im Staudenbeet logieren oder im Ensemble den Fuß von Mauern, Gehölzen und Hecken umspielen, selbst eine halbhohe Hecke bilden, in Gefäßen oder als Stämmchen Farbe in architektonische Bereiche tragen oder aber die Böschung einer Terrasse, einen kleinen Hang oder eine Rabatte entlang des Wegs flächendeckend mit Karminrosa überziehen. Dazu genügen vier Pflanzen pro Quadratmeter.

▶ In kühlem, weithin leuchtendem Karminrosa erstrahlt auch 'Heidetraum' (Synonyme: 'Flower Carpet', 'Emera'). Die weltbekannte, gesunde Spitzensorte und ADR-Rose blüht erst ab Juli, dann aber unermüdlich, sei es am 70 cm hohen Strauch oder als Hochstamm.

Blüte dauerblühend; lockergefüllt; ø 4–5 cm; kräftiges Karminrosa; kein Duft
Wuchs 60–100 cm hoch; aufrecht; buschig bis bogig überhängend
Besonderheit ADR-Prädikat 1992; robuste Einsteiger-Rose; toleriert Hitze, Regen, Halbschatten; für Gefäße, als Hochstamm; winterhart
Gestaltung für Rabatten, Blumenbeete, Hecken; als Bodendecker; einzeln, in Gruppen oder flächig
Züchter Kordes 1988, Deutschland

'KNIRPS'®

FLÄCHENROSE / Synonyme: 'County of Hampshire', 'Little Cap'

Mit ihrer anhaltend reichen Blüte und dem niederliegenden, kompakten Wuchs ist 'Knirps'® eine ideale bodendeckende Rose für kleine Gärten, die am gleichen Platz ein dauerhaftes Blüten-Event inszeniert. Natürlich vermag sie auch große Flächen zu überziehen oder als leuchtendes karminrosa Schmuckband entlang eines Wegs dauerhaft Farbe zu versprühen. Dabei changieren die Blüten zwischen helleren und dunkleren Nuancen, da sie mit zunehmendem Alter aufhellen. Die ausnehmend gesunde Rose kann auch zwischen verschiedenen Bereichen vermitteln, wie zwischen Terrasse und Garten, Weg und Rasen, zwischen Mauer/Hecke und Weg/Rasen sowie zwischen Haus, Gartenhaus oder Pavillon und Garten. Sie sollte mit 40 cm Abstand oder in fünf Exemplaren pro Quadratmeter gepflanzt werden.

Blüte dauerblühend; dichtgefüllt; ø 3 cm; kräftig rosa; kein Duft

Wuchs 30 cm hoch; kompakt; niederliegend; doppelt so breit wie hoch

Besonderheit ADR-Prädikat 2004; hitzeverträglich; für Kübel, Tröge, Kästen; bezaubernd als Halb- und Hochstamm; winterhart

Gestaltung für Blumenbeete, Rabatten, Böschungen; einzeln, in Gruppen oder flächig

Züchter Kordes 1997, Deutschland

‘SCARLET MEIDILAND’

FLÄCHENROSE / Synonym: ‘Scarlet Meillandecor’

Blüte dauerblühend; gefüllt; ø 2–3 cm; warmes Dunkelrot; kein Duft
Wuchs 50–60 cm hoch; überhängend; langtriebig
Besonderheit toleriert Hitze und Regen; exzellente Blattgesundheit; für Gefäßkultur geeignet; bezaubernd als Halb-, Hoch- und Kaskadenstamm; winterhart
Gestaltung für Blumenbeete, Rabatten, Hecken, Böschungen; einzeln, in Gruppen oder flächig
Züchter Meilland 1987, Frankreich

Wer sich die wunderschöne ‘Scarlet Meidiland’ in seinen Garten holt, sollte ihr auch das bieten können, wonach diese Rose wirklich lechzt, um sich optimal entfalten zu können: einen vollsonnigen Standort. Dies sollte natürlich nicht in direkter Nähe vor einer weißen, die Hitze besonders intensiv abstrahlenden Mauer oder Wand sein, sondern besser an einem luftigen Sonnenplatz. Weder direkte Sonneneinstrahlung noch Hitze oder Regen können das intensive Blutrot der Sorte beeinträchtigen, deren leuchtende Fernwirkung sich noch dadurch steigert, dass ihre kleinen Blütchen in Büscheln bis zu 25 Stück zusammenstehen. ‘Scarlet Meidiland’ blüht erst ab Juli. Da ihre Blüten an den Enden langer Triebe erscheinen, eignen sie sich auch hervorragend für den Vasenschnitt.

'ROTE WOGE'

FLÄCHENROSE, STRAUCHROSE

'Rote Woge' wird in manchen Rosenkatalogen unter Strauchrosen aufgeführt, denn sie überzeugt als reichblühender Strauch ebenso wie in flächiger Pflanzung als höherer Bodendecker. Oft beginnt die sehr robuste Rose schon Ende Mai ihre mittelgroßen Blüten zu öffnen, um dann im August etwas zu pausieren und ab September erneut mit fast ähnlich reichem Flor erneut zu faszinieren. Will man 'Rote Woge' als freie Blütenhecke pflanzen, sollte ein Abstand von 50 bis 60 cm eingehalten werden. Wer einen Abhang, zum Beispiel an der angeböschten Terrasse mit der Rose überziehen möchte, pflanzt drei bis vier Rosen pro Quadratmeter. Das dunkelgrüne Laub erweist sich in Privatgärten wie im öffentlichen Grün als außerordentlich widerstandsfähig gegen Mehltau und Sternrußtau, sodass es kaum zu einem Befall kommt.

▶ Leuchtend rote Blüten, allerdings auf 50 bis 60 cm Höhe, trägt 'Heidefeuer' (Synonym: 'Red Flower Carpet'), die mit ihrem straff aufrechten Wuchs auch als Beetrose eingesetzt werden kann. Im Herbst überrascht sie mit Hagebutten.

Blüte zweimalblühend; gefüllt; ø 6 cm; dunkelrot; kein Duft

Wuchs 80–120 cm hoch; stark; aufrecht; bogig überhängend

Besonderheit ADR-Prädikat 1992; toleriert Hitze, Regen, Halbschatten; winterhart

Gestaltung für Blumenbeete, Rabatten, Hecken; einzeln, in Gruppen oder flächig

Züchter Meilland 1992, Frankreich

'ROYAL BASSINO'®

FLÄCHENROSE / Synonym: 'Country Prince'

Nicht umsonst trägt diese Rose den Zusatz „royal" im Namen! Tatsächlich ist sie eine eindrucksvolle Erscheinung mit ihren Blüten in leuchtendem Purpurrot. Sie sind für eine Kleinstrauchrose relativ groß und bilden mit ihren gewellten Petalen eine leichte Schalenform. In deren Zentrum strahlt dem Betrachter ein dickes Büschel goldgelber Staubgefäße wie ein Auge entgegen. Die Einzelblüten wiederum stehen in so großen, kugeligen Büscheln am Ende der breit gelagerten, leicht überhängenden Triebe, dass das glänzend dunkelgrüne Laub fast gänzlich darunter verschwindet. Diese Ballung verstärkt die Farbwirkung der Einzelblüten, sodass die Rose eine große Fernwirkung gewinnt. Nutzt man diesen Effekt für eine flächige Pflanzung, setzt man drei bis vier Rosen pro Quadratmeter.

Blüte dauerblühend; halbgefüllt; ø 5–6 cm; leuchtend blutrot; kein Duft
Wuchs 50–60 cm hoch; halb aufrecht; breitbuschig
Besonderheit toleriert Hitze und Regen; für Gefäßkultur geeignet; winterhart
Gestaltung für Blumenbeete, Rabatten, Hänge; einzeln, in Gruppen und flächig
Züchter Kordes 1991, Deutschland

▼ In gleicher Höhe, jedoch mit etwas dichtergefüllten, blutroten Blüten, fasziniert auch 'Mainaufeuer'® (Synonyme: 'Red Ribbons', 'Fiery Sensation', 'Island Fire', 'Chilterns', 'Canterbury') mit unermüdlichem Flor.

'LOREDO'

FLÄCHENROSE / Synonym: 'Flower Carpet Gold'

Blüte dauerblühend; halbgefüllt; ø 5–6 cm; leuchtend gelb; leichter Duft

Wuchs 60–70 cm hoch; straff aufrecht; buschig

Besonderheit ADR-Prädikat 2001; toleriert Hitze und Regen; farbstabil; sehr gesund und widerstandsfähig; winterhart

Gestaltung für Blumenbeete, Rabatten; einzeln, in Gruppen oder flächig

Züchter Noack 2002, Deutschland

Es ist erst einige Jahre her, dass es gelungen ist, die Farben Gelb und Orange in Flächenrosen einzuzüchten. Das Problem bestand darin, die genetische Labilität und Frostanfälligkeit gelber Sorten auszuschalten, denn Rosen in Bodendeckerfunktion sollen sich nicht nur durch Blütenreichtum, sondern auch durch Robustheit, Pflegeleichtigkeit und Gesundheit auszeichnen. All diese Eigenschaften finden sich bei 'Loredo'. Wird sie flächig gepflanzt, ergeben sich große Gelb-Flächen, die sehr bedacht mit anderen Farben kombiniert werden sollten. Dabei sieht es meist reizvoller aus, nicht eine Farbfläche gegen eine andere zu setzen, sondern Farbakzente in unterschiedlicher Farbmenge einzutupfen. Farblich passen sehr schön: Silber, Grau, Blau, Blauviolett, Apricot-Orange, Rostbraun und Gelbgrün.

'SUNNY ROSE'®

FLÄCHENROSE

Als wären sie von Licht durchdrungen, so leicht und duftig wirken die kleinen, halbgefüllten Blüten von 'Sunny Rose'®. Und tatsächlich kann das Licht in den gewellten, hellgelben Petalen spielen, die auf delikate Weise große Büschel kräftig goldgelber Staubgefäße umrahmen. Zum Schmuckstück werden die Blüten vollends vor dem Hintergrund ihrer dunkelgrünen, stark glänzenden Blätter. Die flachwüchsige Rose eignet sich sehr gut für den Vordergrund von Beeten und Rabatten, wo sie sich aufgrund ihres pastelligen Farbtons auch wunderbar mit vielen anderen Farben und Pflanzen kombinieren lässt. Eine Regel, die übrigens nicht nur für Rosen gilt: Wer feine, nuancierte Farbenzusammenklänge sucht, erleichtert sich den Einstieg, wenn er anfangs auf kräftige Sonnentöne verzichtet und stattdessen kühles Hellgelb wählt.

▶ Mit zartem Cremegelb, Reichblütigkeit und Gesundheit bezaubert auch 'Celina' (Synonym: 'Flower Carpet Yellow'). Die breitbuschige, bis 60 cm hohe Züchtung Noacks wurde für ihre Qualitäten 1999 ADR-prämiert.

BLÜTE dauerblühend; halbgefüllt; ø 3 cm; hellgelb; kein Duft

WUCHS 30 cm hoch; breit bis niederliegend

BESONDERHEIT ADR-Prädikat 2004; regenfest; sehr gesund; Bienenweide; bezaubernd als Halb- und Hochstamm; winterhart

GESTALTUNG für Blumenbeete, Rabatten, Böschungen; einzeln, in Gruppen oder flächig

ZÜCHTER Kordes 2001, Deutschland

'CONCERTO '94'®

FLÄCHENROSE, ROMANTICA ROSE / Synonym: 'Concerto'

Blüte öfterblühend; dichtgefüllt; ø 5–6 cm; gelb-rosa; kein Duft
Wuchs 60–80 cm hoch; aufrecht; breitbuschig
Besonderheit hitzeverträglich; sehr regenfest; für Gefäßkultur geeignet; bezaubernd als Hochstamm; winterhart
Gestaltung für Blumenbeete, Rabatten, Hecken; einzeln, in Gruppen oder flächig
Züchter Meilland 1994, Frankreich

Bei 'Concerto '94'® ist es gelungen, zwei aktuelle Rosentrends auf eine Rose zu übertragen, die sich auch als Bodendecker einsetzen lässt. Da ist die Präferenz für weiche Gelb- und Lachstöne, die in unterschiedlicher Intensität rosa überhaucht sind, sowie die Vorliebe für nostalgische Blütenformen. 'Concerto '94'® vereint beides und wird deshalb auch von ihrem Züchter Meilland in die Serie der Romantica Rosen integriert. Von der Gestaltung her lässt sich die sehr gegen Mehltau gefeite und auch gut gegen Sternrußtau gewappnete Rose wie eine Beetrose einsetzen, die malerisch mit blauen Begleitern harmoniert. Aufgrund ihrer Robustheit und Breitwüchsigkeit eignet sie sich jedoch auch bestens für eine dichtflächige Pflanzung mit drei bis vier Rosen pro Quadratmeter.

◀ Wie 'Concerto '94'® wächst auch die bernsteinfarbene 'Amber Cover'® Towne & Country® Poulbambe® (Synonym: 'Taos') aufrecht und breit heran und lässt sich gut in Gefäßen kultivieren. Mit ihren rundlichen Schalenblüten entspricht auch sie dem Ideal einer Nostalgie-Rose.

'CUBANA'®

FLÄCHENROSE

Die Vorliebe für nostalgische Blüten und Farben ist auch bei 'Cubana'® zu erkennen, deren anmutig gewellte Petalen sich in lieblichem Apricot öffnen. Vom Rand her beginnen die Blüten dann, sich intensiv rosa zu verfärben, um schließlich cremeweiß zu verblühen. Da sie oft in dichten, großen Büscheln an den Enden der Triebe sitzen, vermitteln sie eine fröhliche bunte Unbeschwertheit. 'Cubana'® lässt sich in gemischten Rabatten wie eine Beetrose einsetzen und sieht zauberhaft aus mit Partnern, die ihr Farbspektrum aufgreifen, während blaue oder violette Begleiter lebhaftere Kontraste andeuten. Bei der „bunten" Optik der Rose genügt es jedoch, sie flächig zu pflanzen (4 Rosen pro qm) und das Beet mit immergrünen Buchskugeln oder kleinen, formprägnanten Koniferen aufzulockern.

▶ Ein apartes Farbenspiel zeigt auch 'Sedana' aus der Flower-Carpet-Serie von Noack, deren reizende halbgefüllte Blüten sich apricotfarben öffnen, um dann einen rosa Hauch anzunehmen und cremeorange zu verblühen.

Blüte dauerblühend; halbgefüllt; ø 5 cm; apricot, in Rosa übergehend, dann cremeweiß; kein Duft
Wuchs 50 cm hoch und ebenso breit; buschig, leicht überhängend
Besonderheit toleriert Hitze und Regen; für Gefäßkultur geeignet; gute Resistenz gegen Mehltau; winterhart
Gestaltung für Blumenbeete, Rabatten; einzeln, in Gruppen oder flächig
Züchter Kordes 2001, Deutschland

MINIATUR-ROSEN

MINIATURROSEN

Zwerg- und/oder Patiorosen?

Bei Zwerg- und Patiorosen gibt es noch keine eindeutige oder einheitliche Begriffsregelung. Während man in den USA Patio- und Miniaturrose nahezu gleichsetzt, unterscheidet man hier gelegentlich zwischen Zwergrosen, die nicht höher als 30 cm werden und besonders kleine Blüten tragen, und Patiorosen, die bis 50 cm hoch werden und Blüten von normaler Größe besitzen. Einige Kataloge sprechen nur von Zwergrosen, andere vorwiegend von Patiorosen. Man sollte sich also nicht irritieren lassen und primär auf die individuellen Angaben zur jeweiligen Rose achten. Im Folgenden wird der Terminus „Miniaturrosen" als übergeordneter Begriff für alle kleinwüchsigen Rosen verwendet und der Höhenwuchs zum Einteilungskriterium für Zwerg- und Patiorose geltend gemacht. Man sollte die im folgenden aufgeführten Rosen auch nicht mit den sogenannten Muttertags-Rosen oder den Miniaturrosen fürs Zimmer und Gewächshaus verwechseln, die fast immer wurzelecht in kleinen Töpfen kultiviert werden können, weil man sie aus Stecklingen gewinnt. Die hier aufgeführten Rosen sind veredelte Stöcke, die durch die Wuchskraft der Unterlage kräftig heranwachsen und gut verholzen, sodass sie mit solidem Schutz auch den Winter in Gefäßen gut überstehen. Da die Veredelungsstelle 5 cm tief ins Substrat eingebettet werden muss, sollte das Gefäß mindestens 35 cm tief sein.

Unter den Miniaturrosen gibt es viele Sorten, die mehrfarbig sind oder wie 'Mandarin' bis zum Verblühen ein faszinierendes Farbspiel präsentieren.

Seite 216/217
Patiorosen lassen kleine sonnige Nischen und Ecken auf Balkon und Terrasse aufleben. Hier präsentieren sie sich in anmutiger Gruppierung von kleinen Büschen, sowie auf den unterschiedlichen Höhen von Fuß- und Halbstämmchen.

Tipp zum Giessen
Miniaturrosen weder über das Laub gießen noch mit einem harten Strahl wässern, damit kein mit Erde vermengtes Wasser an die Blätter gelangt. Denn Pilzsporen darin können die Rose im Nu befallen.

Beet- oder nur Gefäßkultur?

Die Geschichte der Miniaturrosen begann mit der rosaroten 'Rouletii', die 1918 in der Schweiz auf einem Fensterbrett entdeckt wurde und auch unter dem Namen

Die Übergänge im Rosenreich sind fließend. So gedeiht die zauberhafte, weißblühende 'Swany', eine nur 40 cm hohe, niederliegende Kleinstrauchrose, auch wie eine Patiorose im Kübel – oder wie hier als Hochstämmchen.

'Pompon de Paris' als kleinste Rose der Welt zu Berühmtheit gelangte. In der Folge begann eine sehr rege Züchtung solch kleiner Rosen in den USA. Bis vor einigen Jahren empfahl man, diese Rosen nicht ins Beet, sondern nur in Gefäße zu setzen. Denn werden sie ins Beet gepflanzt, sind sie im Nu von Sternrußtau und anderen Pilzkrankheiten befallen, da ihr tiefsitzendes Laub meist Kontakt mit dem Boden hat oder nur sehr langsam abtrocknen kann. Inzwischen sind äußerst robuste und gesunde Sorten gezüchtet worden, die sich sogar für flächige Pflanzungen in kleinen Gärten eignen. Dennoch sollte, wer einen der Winzlinge ins Beet oder Grab setzen möchte, sich überlegen, ob er der Rose dort wirklich optimale Bedingungen bieten kann und bereit ist, mehrfach vorbeugend zu spritzen. Eine weitere Gefahr im Beet sind starkwüchsige Stauden und Gehölze, die den zierlichen Rosen Licht, Luft und Nährstoffe streitig machen. Die Alternative wäre, die Rose in einen Kübel zu pflanzen und sie darin ins Beet zu stellen. Denn in Gefäßen ist der Befall durch die Erdferne wesentlich geringer. Besonders gesund bleiben die Sorten, wenn sie auf Fuß- oder Halbstamm veredelt wurden, weil dort die Gefahr, dass Spritzwasser mit sporenbesetzter Erde an die Blätter gelangt, geringer ist.

Der richtige Platz für Miniaturrosen

Rosen in Kübeln bieten die Möglichkeit, selbst dort, wo der Boden verschlossen ist, nicht auf Rosenromantik verzichten zu müssen. Balkon und Terrasse, ein gepflasterter Sitzplatz, der sonnige Hauseingang, ein Grab, der sonnige Steingarten, eine Mauer oder Treppe in der Sonne – die Möglichkeiten für Miniaturrosen und ihre Stämmchen sind riesig, vorausgesetzt sie erhalten einen luftigen und luftfeuchten Platz. Vor der Hauswand einer Südterrasse zum Beispiel werden sie kümmern und krank, wenn Wand und Terrassenbelag die Sonnenwärme speichern, abstrahlen und die Luft austrocknen.

'ZWERGKÖNIG '78'®

PATIOROSE / Synonym: 'Dwarf King '78'

Blüte öfterblühend; lockergefüllt; ø 5 cm; samtig blutrot; kein Duft
Wuchs 40–50 cm hoch; buschig
Besonderheit regenfest; toleriert Halbschatten; gut winterhart
Gestaltung für Gefäßkultur und als Beetrose; bezaubernd als Halbstamm
Züchter Kordes 1978, Deutschland

Dieser weithin leuchtende, rote Klassiker unter den Miniaturrosen eignet sich für Kübel und Tröge ebenso gut wie für niedrige Hecken, Beeteinfassungen oder Rabatten. Im Juni öffnen sich aus spitz kegelförmigen Knospen die blutroten Blüten. Vollständig geöffnet präsentieren sie sehr kontrastreich die dichten, goldgelben Staubgefäße. Bis zum Herbst erscheinen die regenfesten Blüten in kleineren Büscheln. Soll 'Zwergkönig'® in größeren Kübeln üppig gedeihen, pflanzt man zwei bis drei Rosen. Im Beet beträgt der Pflanzabstand 30 cm, während man bei flächiger Pflanzung sieben bis acht Exemplare pro Quadratmeter vorsieht. Da die Sorte nicht sehr widerstandsfähig gegen Sternrußtau und Mehltau ist, empfiehlt sich bereits beim Blattaustrieb ein vorbeugendes Spritzen mit einem Fungizid.

◄ Die scharlachrote, von Cocker, USA gezüchtete Zwergrose 'Red Det '80' unterscheidet sich von 'Zwergkönig '78'® nicht nur in der Farbe, sondern auch durch ihre edelrosenartigen Blüten und ihre geringere Höhe von nur 20 bis 40 cm.

'MEDLEY RED'

PATIOROSE

'Medley Red' besitzt Signalwirkung und ist beides: Beetrose wie Patiorose. Im Beet wird man sie aufgrund ihrer geringen Höhe als Randpflanze mit dauerhaftem Rot schätzen. An einem Grab in sonniger Lage kann sie liebevolles Gedenken symbolisieren. In Gefäßen ist sie jedoch besonders mobil einsetzbar. So kann 'Medley Red' die Funktion eines Höhenelements mit einem Farbakzent verbinden, indem sie als Hochstämmchen in einem Wegkreuz dominiert, im Duo einen Weg oder einen Sitzplatz flankiert oder in einem Beet die Blicke auf sich lenkt. Die Rose kann aber auch als kleiner Busch in einer Schale auf einem Podest oder einer Säule die Blüten in der Höhe präsentieren. Auch Lücken im Beet lassen sich mit getopften Rosen dekorativ füllen, wie fast jeder sonnige Platz auf Balkon oder Terrasse.

▶ Noch leuchtender als von 'Medley Red' ist das Scharlachrot von 'Top Marks' (Synonym: 'Fryministar'). Die winterharte, breitbuschige Zwergrose von Fryer wird 20 bis 40 cm hoch und trägt runde, schalenförmige Blüten.

BLÜTE dauerblühend; halbgefüllt; ø 5–6 cm; blutrot; kein Duft
WUCHS 30–40 cm hoch; buschig; kompakt
BESONDERHEIT regenfest; robustes Laub; im Winter schützen
GESTALTUNG für Gefäßkultur und als Beetrose; für kleine Gärten und Grabbepflanzung; bezaubernd als Fuß-, Halb- und Hochstamm
ZÜCHTER Noack 2002/2003, Deutschland

'AMULETT'®

PATIOROSE

Blüte dauerblühend; dichtgefüllt; ø 3–4 cm; kräftig rosa; kein Duft
Wuchs 40–60 cm hoch; breitbuschig; leicht bogig überhängend
Besonderheit robust; mittlere Regenfestigkeit; hitzeverträglich; im Winter schützen
Gestaltung für Gefäßkultur und als Beetrose; bezaubernd als Halb- und Hochstamm
Züchter Tantau 1991, Deutschland

Als unermüdlicher Dauerblüher entpuppt sich 'Amulett'® in Kübeln, Trögen und im Beet. Im Juni öffnen sich aus rundlichen, roten Knospen die ebenfalls gleichmäßig runden Rosettenblüten, deren Blütenblätter so exakt dachziegelartig übereinander liegen, dass die Blüten an Pompondahlien erinnern. Ihr anfänglich kräftiges Rosarot nimmt mit dem Verblühen einen silbrigen Schimmer an. Da das Laub der Rose besonders resistent gegen Mehltau ist und eine mittlere Widerstandskraft gegen Sternrußtau hat, ist sie mit einer vorbeugenden Spritzung gut gartentauglich. Sie erweist sich als charmanter Gartenschatz rund um die Terrasse, die sie mit einem Blütensaum einfasst. Aber auch an Beet- und Wegrand oder auf größeren Grabstätten kann sie im Gefäß wie im Beet sommerlang Farbe tupfen.

'PEPITA'®

ZWERGROSE

Ihr Züchter charakterisiert 'Pepita'® als eine der zierlichsten und lieblichsten Zwergrosen vom 'The Fairy'-Typ. Über dunkelgrünem, stark glänzendem Laub, das eine besondere Resistenz gegen Mehltau und Sternrußtau aufweist, öffnet die Rose im Juni ihre dichtgefüllten Blüten. Die anmutigen Rosetten stehen zu sechst bis acht in dichten, duftigen Dolden, die allmählich mit einem silbrigen Hauch verblassen. Sie blühen überreich in Schüben. Soll 'Pepita'® als Stämmchen eine Unterpflanzung erhalten, empfehlen sich dafür ebenfalls kleinblütige Begleiter, wie zum Beispiel weißer Duftsteinrich (*Lobularia maritima*), die den Rosenblüten keine Konkurrenz machen. Auch das Gefäß sollte etwas größer gewählt werden, damit bei Einsetzen der Sommerblumen nicht die Wurzeln der Rose in Mitleidenschaft gezogen werden.

▶ Mit zahlreichen Auszeichnungen international gekürt wurde die ebenfalls rosafarbene 'Sugar Baby'®. Die kompakte Tantau-Sorte mit den bezaubernden, edelrosenartigen Mini-Blüten gibt es auch als Halb- und Hochstamm.

Blüte dauerblühend; dichtgefüllt; ø 3 cm; kräftiges Pink; kein Duft
Wuchs 30–50 cm hoch; breitbuschig; kompakt
Besonderheit ADR-Prädikat 2004; pflegeleichte Einsteiger-Rose mit hoher Blattgesundheit; regenfest; hitzeverträglich
Gestaltung für Gefäßkultur, als Beetrose und zierlicher Bodendecker; bezaubernd als Halb- und Hochstamm
Züchter Kordes 2004, Deutschland

‘CORAL PAGODE’®

PATIOROSE

Blüte dauerblühend; gefüllt; ø 4–5 cm; lachsfarben überhauchtes Rosa; leichter Duft

Wuchs 40–50 cm hoch; vieltriebig; hängend

Besonderheit robust und regenfest; toleriert Hitze und Halbschatten; im Winter schützen

Gestaltung für Ampeln, Baskets und Schalen auf Säulen, Podesten, Mauern

Züchter Poulsen 2000, Dänemark

Zu einem malerischen Blütenschmuck in architektonischer Umgebung, wie Terrasse, Balkon oder Pavillon, wachsen die Miniaturrosen der PAGODE® Kollektion heran. Sie zeichnen sich durch reichen Ansatz von kleinen, gefüllten Blütchen aus, die in Büscheln an den vieltriebigen, hängenden, aber nicht allzu langen Trieben aus. Dieser Wuchs prädestiniert die Rosengruppe für Ampeln, Baskets oder Gefäße in erhöhter Position, von wo ihre Triebe romantisch herabhängen können. Neben ‘Coral Pagode’® Poulgo003® mit Blüten in warmtonigen Rosa-Nuancen gibt es noch Sorten in fünf weiteren Farben: ‘Pink Pagode’ in kühlem Rosa, ‘Rosy Pagode’ in duftigem Zartrosa, ‘Red Pagode’ mit blutroten Blüten, ‘White Pagode’ als schneeweißer Traum und ‘Yellow Pagode’ mit kleinen, gelben Kaskaden.

◀ Eine romantische Patiorose ganz anderer Art ist ‘Biedermeier’® mit kirschrot überhauchten, grünlichweißen, ballförmigen Blüten. Die großblütige Tantau-Sorte ist auch als Stammrose traumhaft und zu alledem sehr frosthart.

'LUPO'®

ZWERGROSE

Der immer aktueller werdenden Beliebtheit von schlichten Blüten mit Wildrosen-Charme huldigt auch die Zwergrose 'Lupo'®. Weit vom Wildrosen-Charakter entfernt, ist allerdings ihre lebhafte Farbe von kühlem, blaustichigem Karminrot, das eine leuchtende Fernwirkung zeigt, ohne grell zu wirken. Der Farbton lässt sich wunderbar mit Karminrot, Rosa, Blau, Blauviolett und Silbertönen kombinieren, zu denen sich auch kühles, pastelliges Gelb gesellen darf. In Kübeln wie an Beeträndern macht sich die Kleine bezaubernd. Da 'Lupo'® enorme Widerstandskraft gegen Sternrußtau und Mehltau aufweist, eignet sie sich aber auch bestens dafür, kleine Abhänge und Böschungen in ein nicht enden wollendes Blütenmeer zu tauchen. Dazu setzt man sechs Pflanzen pro Quadratmeter.

▶ In klaren Rosatönen, die sich gut vom dunkelgrünen Laub abheben und in ihrer Helligkeit changieren, blüht 'Zwergkönigin '82'®. Die halbgefüllte Klassikerin unter den Zwergrosen duftet leicht, ist regenfest und bildet ein hübsches Ensemble mit 'Zwergkönig '78'®.

Blüte dauerblühend; einfach; ø 3 cm; dunkellila bis karminrot; kein Duft
Wuchs 30–40 cm hoch; breitbuschig
Besonderheit robust; regenfest; toleriert Hitze und Halbschatten; attraktive Hagebutten; winterhart
Gestaltung für Gefäßkultur, als Beetrose oder kleiner Bodendecker; bezaubernd als Halbstamm
Züchter Kordes 2006, Deutschland

'SGANARELLE'

PATIOROSE

Blüte dauerblühend; dichtgefüllt; ø 4–5 cm; gelb, orange, rot; kein Duft
Wuchs 40 cm hoch; breitbuschig
Besonderheit für Sonne bis Halbschatten; im Winter schützen
Gestaltung für Tröge und Kübel; bezaubernd als Fußstamm
Züchter Delbard 2005, Frankreich

Die Faszination, die von seinen mehrfarbigen „Malerrosen" (S. 133) ausging, lässt Delbard nun im kleineren Format von 'Sganarelle' erneut erleben. Die Miniatur-Malerrose wird etwa 40 cm hoch und sollte möglichst im Dreier-Set in mindestens 40 cm tiefe Gefäße, wie Kübel, Kästen, Tröge usw., gepflanzt werden. Neben dem kunterbunten Farbenspiel der warmen Töne von 'Sganarelle' gibt es von Delbard noch eine weitere Miniatur-Malerrose: 'Schmetterling' (Synonym: 'Papillon') trägt auf weiß-rosa Untergrund weinrote Streifen. Da die Winterhärte dieser Rosen nicht sehr ausgeprägt ist, sollte man sie in rauen Regionen sehr gut schützen oder noch besser mit dem Gefäß hell in einem Gartenhaus oder einer Garage überwintern. Dabei nicht austrocknen lassen.

'BLUENETTE'®

Synonyme: 'Blue Peter', 'Azulabria' / ZWERGROSE

Liebhaber exotischer Rosen haben oft auch ein Faible für sogenannte „blaue“ Rosen. Diese sind aber, wie im Literarischen die „blaue Blume der Romantik“, ein Sehnsuchts-Symbol und immer noch unerreicht. Unter den Miniaturrosen gibt es jedoch einige, die zu kühlem, blaustichigem Violett tendieren. 'Bluenette'® ist wohl die bekannteste dieser Rosen. Aus schlanken, eleganten Edelrosenknospen entfaltet sie ihre karminroten Blüten, die ins Violette tendieren und weit geöffnet dichte Büschel gelber Staubgefäße präsentieren. Nach und nach verblasst dieser Farbton. Dies geschieht umso schneller, je mehr die Rose voller Sonne und vor allem der Mittagshitze ausgesetzt ist. Im Beet kann sie am Rand reizend brillieren. Im Kübel wie im Beet benötigt sie Winterschutz.

▶ „Blaublütig“ ist auch die 30 cm hohe Patiorose 'Baby Faurax', die 1924 von Leonard Lille gezüchtet wurde. Sie sollte einen vor Mittagshitze geschützten Platz erhalten, damit ihre frischen Lilatöne nicht vorschnell vergrauen.

Blüte öfterblühend; halbgefüllt; ø 2,5–3 cm; fliederfarben; kein Duft

Wuchs 20–40 cm hoch; breitbuschig; verzweigt

Besonderheit relativ regenfest; toleriert Halbschatten; im Winter schützen

Gestaltung für Kübel, Kästen, Tröge; auch fürs Beet

Züchter De Ruiter 1983, Niederlande

'WHITE PET'

HISTORISCHE PATIOROSE / Synonyme: 'Little White Pet', 'Little Pet', 'Little Dot', 'Belle de Teheran'

Noch vor Beginn der offiziellen Züchtung von Miniaturrosen gab es schon vereinzelt besonders kleinwüchsige Rosen, die durchwegs Zufallsgeschenke der Natur waren. So auch die ehemals als 'Little White Pet' bekannte Sorte, die wir einem Sport der Kletterrose 'Félicité et Perpétue' verdanken. Ab Juni entfaltet sich aus rosaroten Knospen ein Meer zierlicher Rosettenblüten. Anfangs weisen sie noch eine Schalenform auf, wobei die äußeren Kronblätter rosa getönt sind. Haben sich die Blüten jedoch zu perfekten Rosetten geöffnet, erscheinen sie reinweiß und heben sich kontrastreich vom dunkelgrünen Laub ab. Als robuster Dauerblüher erweist sich die Rose im Beet wie im Kübel. Zum Highlight aber wird sie als Hochstämmchen, das ihre Blütenfülle wie eine über dem Beet schwebende Wolke präsentiert.

Blüte dauerblühend; dichtgefüllt; ø 4 cm; reinweiß mit rosa Hauch; zarter Duft
Wuchs 30–50 cm hoch; breitbuschig; viel- und starktriebig
Besonderheit robust und regenfest; toleriert Hitze und Halbschatten; winterhart
Gestaltung bestens geeignet für Gefäßkultur, als Beetrose oder kleiner Bodendecker; bezaubernd als Hochstamm
Züchter Henderson 1879, USA

▼ Durch ihr äußerst gesundes Laub gedeiht auch die weiße Zwergrose 'Sonnenröschen'® (Kordes 2005, ADR-Prädikat 2003) nicht nur in Gefäßen, sondern auch im Beet prächtig. Sie wird 30 cm hoch und blüht unermüdlich.

'SONNENKIND'

ZWERGROSE / Synonyme: 'Perestroika', 'Golden Fire'

Blüte dauerblühend; gefüllt; ø 3 cm; goldgelb; kein Duft
Wuchs bis 35 cm hoch; aufrecht; breitbuschig; kompakt
Besonderheit robust und regenfest; toleriert Hitze und Halbschatten; winterhart
Gestaltung für Kübel und Kästen; als Beetrose, kleiner Bodendecker; für Steingärten; bezaubernd als Halbstamm
Züchter Kordes 1986

Auch 'Sonnenkind' zählt zu den Miniaturrosen, die eine Doppelfunktion übernehmen können, weil sie nicht nur gut in Gefäßen gedeihen, sondern auch im Beet wenig anfällig für Pilzkrankheiten sind. So kann die reizende Kleine sowohl auf Balkon und Terrasse wie im Garten ihre Sonnentöne verstrahlen. Fast scheint es, als wollte die Blütenform von 'Sonnenkind' die Assoziation an Strahlen verstärken. Denn schon gleich nach dem Entfalten rollen sich fast alle Kronblätter ein, sodass die Blüte rundum mit angespitzten Blütenblättern wie von Strahlen umgeben ist. Das dunkelgrün glänzende Laub lässt diese Form noch kontrastreich hervortreten. Zum malerischen Akzent wird 'Sonnenkind' als Halbstamm im Kübel mit einer Unterpflanzung von weißem Duftsteinrich (*Lobularia maritima*), hellblauen Hängepetunien Celebration 'Silverblue' oder azurblauen Lobelien (Lobelia-Hybride 'Hot Blue Hot').

'LAURA FORD'

Synonyme: 'King Tut', 'Normandie' / KLETTERNDE MINIATURROSE

Die reizende 'Laura Ford' ist eine der kletternden Miniaturrosen, die Chris Warner auf den Markt gebracht hat. Ihre kleinen, edelrosenartigen Blüten und das zierliche Laub erinnern tatsächlich an eine Zwergrose. Im Wuchs allerdings erreicht die dauerblühende Kletterrose bis zu 2,5 m, in warmen Regionen sogar noch mehr. Ein ideales Wuchsprogramm, um sie an Säulen oder Rankhilfen in Gefäßen zu ziehen. Wenn sich im Juni ihre gelben Blüten aus rosa überzogenen Knospen öffnen, ist an den Blütenrändern oft noch eine Spur von Rosa zu entdecken. Dies verliert sich später. Wenn die Blüten allerdings im Herbst wieder verstärkt Rosatöne aufweisen, so sind diese „roten Bäckchen" ein sortenspezifisches Phänomen, mit dem manche gelbe Rosen auf erste Kälte reagieren.

▶ Mit zitronengelben, regenfesten Edelrosen-Blüten en miniature eignet sich die von de Ruiter gezüchtete 'Guletta' (Synonyme: 'Golden Penny', 'Goldpenny', 'Tapis Jaune', 'Rugul') auch für Steingärten und Grabbepflanzungen im Halbschatten.

Blüte dauerblühend; halbgefüllt; ø 4–5 cm; gelb mit bernsteinfarbenem Zentrum; fruchtiger Duft

Wuchs bis 2,50 m hochkletternd

Besonderheit toleriert Hitze; im Winter schützen

Gestaltung für Rosenbögen, Obelisken, Pyramiden, Spaliere und andere Rankhilfen im Kübel oder im Beet

Züchter Warner 1989, Großbritannien

'MANDARIN'®

ZWERGROSE

Blüte dauerblühend; dichtgefüllt; ø 4 cm; lachsrosa, orange und gelb; kein Duft
Wuchs bis 25 cm hoch; breitbuschig; kompakt
Besonderheit regenfest; toleriert Hitze; anfällig für Sternrußtau; im Winter schützen
Gestaltung geeignet für Gefäßkultur und als Beetrose; bezaubernd als Halbstamm
Züchter Kordes 1987, Deutschland

Ein farbenfrohes Blütenspektakel entfacht die Zwergrose 'Mandarin'®, wenn sie ab Juni ihre Blüten über den kleinen, glänzenden, mittelgrünen Blättern entfaltet. Farbenfroh geht es dann auch weiterhin zu, denn die Blüten präsentieren ein wandelbares Farbenspiel, indem sie anfangs eher rosaorange und nur in der Mitte gelb sind, später hingegen dominiert warmes Sonnengelb, während die kräftigen Mandarinen- und Rosatöne pastellartig verblassen. Wegen ihrer Anfälligkeit für Sternrußtau bereitet 'Mandarin'® in Gefäßen mehr Freude. Darin kann sie sommerlang „Löcher" im Beet farbintensiv füllen, die Terrasse mit fröhlichem Farbenspiel bereichern oder als Halbstamm zu einem Topfarrangement das immer erwünschte Höhenelement beisteuern.

'COCO'®

PATIOROSE

Wie ins Licht der untergehenden Sonne getaucht, so erscheint das Rosa der leicht gewellten Blütenblätter der Miniaturrose 'Coco'®. Wunderbar abgestimmt auf das warme Lachsrosa sind auch die gelben Staubgefäße, die das ganze Zentrum der grazilen Rose ausfüllen. Dank ihrer Widerstandsfähigkeit gegen Sternrußtau und Mehltau kann sie auch gut in den Vordergrund von Beeten kommen oder für die Grabbepflanzung verwendet werden. Da sich der Pilz des Sternrußtaus über die Erdoberfläche ausbreitet und das Laub von Miniaturrosen tief zum Boden herabreicht, sind diese Rosen besonders gefährdet. Man sollte deshalb nur sehr robuste Sorten in den offenen Boden setzen. Kommt es dennoch zum Befall, müssen die befallenen Blätter umgehend entfernt und mit einem Fungizid gespritzt werden.

Blüte dauerblühend; einfach; ø 3 cm; lachsorange bis lachsrosa; kein Duft

Wuchs bis 40 cm hoch; buschig, vieltriebig; sehr kompakt

Besonderheit robust; regenfest; toleriert Hitze und Halbschatten; gute Resistenz gegen Sternrußtau und Mehltau; winterhart

Gestaltung für Gefäßkultur, Beet und Grabbepflanzung

Züchter Kordes 2006, Deutschland

'FAVOURITE'™ HIT®

PATIOROSE / Synonyme: 'Good Wishes', 'Favourite Hit'

Blüte öfterblühend; gefüllt; ø 5–6 cm; apricot mit gelben und rosa Nuancen; kein Duft
Wuchs 40–60 cm hoch; buschig; kompakt
Besonderheit robust und sehr widerstandsfähig; benötigt Winterschutz
Gestaltung für Gefäßkultur
Züchter Poulsen 2002, Dänemark

'Favourite'™ Hit® Poululv® verkörpert in Farbe und Form den Inbegriff einer nostalgisch romantischen Patiorose. Ihre anfangs rundlich-schalenförmigen Blüten öffnen sich erst nach und nach und geben den Blick auf die Staubgefäße frei. Dabei changiert ihr ins Gelb spielende Apricot mit Tönen von Bernsteingelb und Goldbraun. 'Favourite'™ zählt zur PATIOHIT® Kollektion des dänischen Rosenzüchters Poulsen, in der weit über 60 Sorten in allen Farben für die Gefäßkultur auf der Terrasse zusammengefasst sind, die sich durch besondere Krankheitsresistenz auszeichnen. Wer hingegen die noch kleineren Zwergrosen sucht, wird in der PARADE® Kollektion Poulsens fündig, die ebenfalls ein Riesen-Sortiment bis maximal 30 cm hoher Rosen in unterschiedlichsten Farben offeriert.

▶ Auch 'Feminine'™ Hit® (Synonyme: 'Retirement Wishes', 'Feminine Hit'™) ist mit ihrem sanften Apricotrosa eine traumhafte PATIOHIT® Rose. Durch ihre kleinen Blüten und eine Höhe von maximal 40 cm wirkt sie besonders grazil.

‘SWEET DREAM’

Synonyme: ‘Sweet Dreams’, ‘Apricot Sweet Dream’ / PATIOROSE

Nur 45 cm hoch wird die Patiorose ‘Sweet Dream’, deren pfirsichfarbene Blüten in Büscheln unermüdlich von Juni bis in den Herbst erscheinen. So zierlich die Rose ist, so gigantisch ist ihr Erfolg. Sie wurde nicht nur Rose des Jahres 1988 in Großbritannien und mit dem begehrten „Award of Garden Merit“ von der Royal Horticultural Society ausgezeichnet, sondern ist mit über 4,5 Millionen verkaufter Exemplare die britische Bestseller-Rose schlechthin. Kein Wunder, gedeiht sie doch in Kübeln und Beet gleichermaßen. In Gefäßen bezaubert sie mit romantischer Dauerblüte und vermag als Stämmchen mit attraktiver Unterpflanzung Terrasse, Hauseingang oder ein „Loch“ im Beet mit einem farblichen Dauerakzent zu krönen. Im Garten kann sie im Beetvordergrund ebenso gut wie als kleine Hecke verzaubern.

▶ Von ebenso guter Resistenz ist auch die bis 55 cm hohe Patiorose ‘Apricot Clementine’® aus dem Hause Tantau. Mit ihren lange haltbaren Apricot-Blüten ist sie auch als Halb- und Hochstamm erhältlich.

Blüte dauerblühend; dichtgefüllt; ø 6–8 cm; apricot; zarter Duft

Wuchs 45 cm hoch; kompakt; buschig

Besonderheit Rose des Jahres 1988 in Großbritannien; benötigt Winterschutz

Gestaltung für Gefäßkultur oder als Beetrose; bezaubernd als Fuß-, Halb- und Hochstamm

Züchter Fryer 1988, Großbritannien

WILDROSEN

WILDROSEN

Wildrosen – das Potenzial der Sorten

Die etwa 150 Wildrosen-Arten bilden die Grundlage für die heute bestehende Rosenvielfalt von annähernd 30.000 Sorten. Wildrosen zeichnen sich durch einfache Blüten mit fünf Petalen aus (außer *Rosa sericea* mit nur vierblättrigen Blüten) und schmücken sich im Herbst mit Hagebutten. Ihr natürliches Verbreitungsgebiet liegt ausschließlich auf der nördlichen Halbkugel, denn sie stammen aus Europa, aus Amerika, aus Asien und aus dem Mittleren Osten. Wildrosen brachten Erbgut und Eigenschaften ein, die in den zahllosen Sorten in unterschiedlicher Gewichtung zu immer wieder neuem Ausdruck gelangen. Es gab sie schon vor dem Menschen. Der Weg ihrer Domestizierung begann wohl vor über 5.000 Jahren in den Gärten Chinas. Heute passen Wildrosen am besten in naturnahe Gärten, in Bauerngärten oder in große frei oder gar landschaftlich gestaltete Refugien.

Rosa foetida 'Bicolor' mit ihren ungewöhnlichen orangefarbenen Blüten lässt sich bis ins 16. Jahrhundert zurückverfolgen.

Europäische Wildrosen

Sie blühen nur einmal und sind meist sehr frosthart. Wichtige Vorfahren für Strauchrosen waren *Rosa canina,* die Hundsrose (S. 240), *Rosa glauca,* die Hechtrose (S. 242), *Rosa rubiginosa,* die Weinrose oder Schottische Zaunrose (S. 241), *Rosa villosa,* die Apfelrose, die nach der Form ihrer weichschaligen Hagebutten benannt wurde, *Rosa pimpinellifolia,* die Bibernellrose (S. 243) mit ihrem feingliedrigen Laub und den schwarzen Hagebutten, *Rosa majalis* (S. 242), *Rosa pendulina,* deren Sorte 'Bourgogne' durch ihren auffallend attraktiven Fruchtschmuck einen Platz im Garten verdient, *Rosa gallica,* die Essigrose, die sich besonders leicht kreuzen lässt und zur Stammmutter der herrlichen Gallica-Rosen mit ihrem Farbspiel von Rosa und Dunkelrot wurde. Wichtige Ahnen der Kletterrosen sind *Rosa arvensis,* die Feldrose, und *Rosa sempervirens,* die immergrüne und nicht ganz frostharte Rose der Mittelmeergebiete.

Seite 236/237

Von links nach rechts: Die weiße Bibernellrose (*Rosa pimpinellifolia/spinosissima*), darüber *Rosa ultramontana*; dunkelrosa daneben *Rosa nutkana* 'Cantab'; darunter die besonders große und schöne dunkelrosa Blüte von *Rosa oxyodon*; am rechten Bildrand die zierliche Blüte von *Rosa canina* in weißlichem Perlmuttton.

Noch plattrunder als die „Äpfelchen" von *Rosa rugosa* (links oben) sind die schwarzroten Hagebutten von *Rosa spinosissima.* Ungewöhnlich ist die grüne Kastanienform von *Rosa roxburghii* über den flaschenförmigen Früchten von *Rosa sweginzowii* 'Macrocarpa'.

Wildrosen aus dem Mittleren Osten

Von den aus Kleinasien stammenden Wildrosen sind für die Entwicklung der Gartensorten vor allem die gelben Rosen wichtig, die diese Farbe in alle weiteren Sorten einbrachten. Dazu zählen *Rosa foetida,* die Fuchsrose, *Rosa foetida* 'Bicolor' (S. 244), die Kapuzinerrose, wie auch die bereits hybridisierten, gefüllten, gelben Rosen *Rosa hemisphaerica* und *Rosa foetida* 'Persiana', aus der die weltbekannte 'Soleil d'Or', die Urmutter aller gelben Gartenrosen hervorging.

Amerikanische Wildrosen

Zu den wichtigen Arten zählen unter anderem *Rosa virginiana,* die Glanzrose, deren sattrosa Blüten in dicke, runde, lang haftende Hagebutten übergehen und deren Laub sich im Herbst rot färbt. Auch bei *Rosa carolina* und *Rosa nitida,* die beide stark Ausläufer bilden, verfärben sich die Blätter im Herbst. *Rosa nutkana* (S. 251) bringt ebenso wie *Rosa californica* dekorative Hagebutten hervor.

Asiatische Wildrosen

Aus China und Japan kamen viele bedeutende Vorläufer unserer Gartenrosen. *Rosa chinensis* und ihre Sorten wurden, da sie öfterblühend sind, zu Vorfahren unserer Beet-, Edel- und öfterblühenden Strauchrosen. Leider besitzt sie nur geringe Winterhärte. Während aus *Rosa moyesii* (S. 248) und *Rosa rugosa* (S. 249) viele Strauch- und Kleinstrauchrosen entstanden, gingen aus *Rosa multiflora* (S. 247) und *Rosa wichuraiana* (S. 247) herrliche Kletter- und Ramblerrosen hervor.

ROSA CANINA

EUROPÄISCHE WILDROSE / (HUNDSROSE)

Blüte einmalblühend; einfach; ø 4–5 cm; zartrosa bis weiß; Wildrosenduft

Wuchs 2–3 m hoch; aufrecht; breitbuschig, überhängend; mit hakigen Stacheln auch hoch hinaufkletternd

Hagebutten ab Oktober orange, glatt, glänzend, langoval, 2 cm

Gestaltung Hecke, Vogelschutzgehölz, Bodenbefestiger an Böschungen; keine Pflege

Im Juni öffnet die Hundsrose ihre einfachen Blüten, die anfangs noch zartrosa, später fast weiß sind. Sie stehen auf kurzen Stielen über dem hellgrünen, matten Laub und sind schnell verblüht. Eine kleine Attraktion bieten im Herbst die länglichen Hagebutten und das sich fahlgelb verfärbende Laub. Die anspruchslose Hundsrose gedeiht auch noch auf nährstoffarmen Böden. Für Hausgärten ist sie wenig interessant, eher für große naturnahe Gärten. Eine gartenwürdige Sorte ist ‘Kiese’, die an 2 bis 3 m langen Trieben im Juni große, kirschrote Blüten mit weißer Mitte entfaltet. *Rosa canina* hatte maßgeblichen Anteil an der Entstehung der Alba-Rosen. Auch der tausendjährige Rosenstrauch am Hildesheimer Dom ist eine Hundsrose. Heute dienen Auslesen und Formen von ihr primär als Veredelungsunterlagen.

◀ Den bernsteingelben Blüten von ‘Agnes’ sieht man die Wildrosen-Abstammung nicht mehr an. Sie ist eine betörend duftende Hybride, deren einer Elternteil die herrlich gefüllte *Rosa foetida* ‘Persiana’ (‘Persian Yellow’) aus Persien ist.

ROSA RUBIGINOSA

(WEINROSE, SCHOTTISCHE ZAUNROSE, SWEET BRIAR) / EUROPÄISCHE WILDROSE

Im Juni, zur Hochzeit der Rosenblüte, öffnet auch *Rosa rubiginosa* ihre einfachen, rosa Blüten, die einzeln oder bis zu siebt an kurzen, borstig-drüsigen Stielen sitzen. Auch Kelch, Kelchblätter, Blattstiele und vor allem die Blätter sind mit Drüsen besetzt und sondern vor allem bei feuchter Witterung einen starken Duft nach reifen Äpfeln ab. Die Weinrose ist kalkliebend und daher nicht für saure, sandige Böden geeignet. In Großbritannien verwendet man sie in Parks als Zierstrauch oder für undurchdringliche Hecken. Sie ist aber auch sehr stark an der Entstehung von Gartenrosen beteiligt. So gab sie auch an die von Lord Penzance in England gezüchteten Hybriden ihr nach Apfel duftendes Laub weiter. Aus diesen gingen wiederum so bekannte Sorten wie ‘Fritz Nobis’ (S. 125), ‘Magnifica’ oder ‘Hebe’s Lip’ hervor.

▶ Die einmalblühende ‘Amy Robsart’ ist eine der widerstandsfähigen Penzance-Hybriden. Das Parfum ihrer magentafarbenen Blüten verbindet sich mit dem Apfelduft des Laubes. Der Strauch wird 2,5 m hoch und bildet scharlachrote Hagebutten aus.

Blüte einmalblühend; einfach; ø 3–5 cm; zartrosa, innen cremeweiß; leichter Wildrosenduft

Wuchs 2–2,5 m hoch; kräftig; aufrecht; überhängend; dicht mit hakigen Stacheln und Borsten besetzt

Hagebutten ab Oktober scharlachrot; glatt, glänzend, eiförmig, 2 cm

Gestaltung Hecke, Vogelschutzgehölz, Befestigung von Böschungen, naturnahe Gärten

ROSA MAJALIS

EUROPÄISCHE WILDROSE / (MAIROSE, ZIMTROSE)

Blüte einmalblühend; einfach; ø 3–5 cm; hell- bis karminrosa; leichter Wildrosenduft
Wuchs 1,5–2 m hoch; kräftig; aufrecht; buschig, überhängend
Hagebutten dunkelrot; glatt, glänzend, kugelig, 1 cm
Gestaltung Hecke, Vogelschutzgehölz, Befestigung von Böschungen, naturnahe Gärten; Hagebuttenrose

Die gut Halbschatten vertragende Mairose ist in der freien Natur an Gehölzrändern und in Auenwäldern zu finden, wo sie sich durch Ausläufer auch auf weniger guten Böden behauptet. Mittelalterliche Kräuterbücher führen sie in zwei Formen an, in einer einfachblühenden und einer gefüllten Form, die später *Rosa majalis* 'Foecundissima' genannt wurde. Der deutsche Name „Mairose" bezieht sich auf ihre frühe Blütezeit, die allerdings erst Anfang Juni einsetzt, während die Bezeichnung „Zimtrose" auf ihre braunen, oft unbestachelten Triebe Bezug nimmt. Man findet die Rose mit ihren stumpfgrün behaarten Blättern heute noch gelegentlich in Bauerngärten, vorwiegend wird sie jedoch in der Natur oder in naturnahen Gärten zur Befestigung von Hängen und zur Heckenbildung eingesetzt.

◀ Eine sehr auffallende, aparte Erscheinung im Garten ist *Rosa glauca* (Rotblättrige Rose, Hechtrose). Das Verdienst kommt neben ihren einfachen, karminrosa Blüten vor allem den ungewöhnlichen, bläulich bereiften Blättern zu.

ROSA SPINOSISSIMA

(BIBERNELLROSE, DÜNENROSE, BURNET-ROSE) / EUROPÄISCHE WILDROSE

Welcher der botanischen Namen für die Bibernell- oder Dünenrose der angemessenere ist, darüber gehen die Meinungen noch immer auseinander. „Pimpinellifolia" bezieht sich auf ihre kleinen, 7- bis 9-teiligen Fiederblättchen, die graugrün und feingezähnt sind wie die von Pimpinellen. Im Herbst verfärben sie sich braunrot. „Spinosissima" hingegen beschreibt mit „stacheligst" ihre Triebe. Die Rose, die sich auf Dünen der Nordsee wohlfühlt, ist erstaunlich genügsam und toleriert Halbschatten und nährstoffarme, salzige Böden. Um Halt im Sand zu finden, haben sich wurzelechte Pflanzen angewöhnt, viele Ausläufer zu treiben. Die Bibernellrose blüht bereits Mitte Mai sehr reich. Die sogenannten Spinosissima-Hybriden (die Frühlings-Sorten von Kordes) haben diese Eigenschaft übernommen.

▶ Hagebutten bilden sich durch Anschwellen des Kelchbechers. Sie sind Schein- und Sammelfrüchte und so arten- und sortenspezifisch wie die Anzahl und Größe der Samen darin. *Rosa pimpinellifolia* schmückt sich mit schwarzen und flachkugeligen Früchten.

Blüte einmalblühend; einfach; ø 5 cm; cremefarben, mitunter hellgelb oder zartrosa; feiner Wildrosenduft
Wuchs 0,2–2 m hoch; mittelstark; aufrecht bis leicht überhängend; sehr dicht; stark bestachelt
Hagebutten braunschwarz; glatt, glänzend, flachkugelig, ø 2 cm
Gestaltung für Hecken, Deck- und Schutzpflanzungen; für naturnahe Gärten; Heidegärten
Synonym *Rosa pimpinellifolia*

ROSA FOETIDA 'BICOLOR'

WILDROSE AUS KLEINASIEN / (KAPUZINERROSE, 'AUSTRIAN COPPER')

Blüte einmalblühend; einfach; ø 4–5 cm; Innenseite der Petalen orangerot, Außenseite gelb; unangenehmer Duft
Wuchs 1,5–2,5 m hoch; mittelstark; aufrecht; buschig; schlanke, wenig bestachelte Triebe
Hagebutten ziegelrot; etwas borstig; kugelig, ø 1 cm
Gestaltung Strauchrose, historische Gärten, Bauerngärten

Während bei allen europäischen und amerikanischen Wildrosen nur Weiß, Rosa und kühles Rot vertreten sind, gab *Rosa foetida,* die Fuchsrose aus Kleinasien, das begehrte Gelb an die Rosen weiter. Schon im frühen Mittelalter kam sie vermutlich ebenso wie ihre Mutation, die orange-gelbe Kapuzinerrose (*Rosa foetida* 'Bicolor') nach Europa. Diese berühmte, farbenprächtige Rose wurde zur Stammmutter der heutigen gelben und orangefarbenen Sorten. Leider vererbte sie mit der besonderen Farbe auch ihre Anfälligkeit für Sternrußtau. Die Kapuzinerrose fasziniert bis heute mit ihrem frühen Blühbeginn im Mai, den feurigen Farben und dem Kuriosum, dass ihre Blüten manchmal in die gelbe Ursprungsfarbe zurückfallen, sodass beide Farben gleichzeitig an einer Pflanze auftreten.

'GOLDEN CHERSONESE'

EINZIGE SORTE VON *ROSA ECAE,* HYBRIDE EINER WILDROSE AUS KLEINASIEN

Erst spät, 1880, kam die nur 1 m hohe, dicht verzweigte Wildrose *Rosa ecae* aus Afghanistan nach Europa. Auch sie ist eine gelbblühende Art, deren ungefüllte, kleine Blüten im Mai/Juni erscheinen und an die des Fingerstrauchs (*Potentilla*) erinnern. *Rosa ecae* ist kaum gartenwürdig, wohl aber ihre einzige Hybride 'Golden Chersonese', deren anderer Elternteil die Strauchrose 'Canary Bird' ist. Noch viel vom Wildrosen-Erbe ist bei dieser im Juni einmal-, aber überreich blühenden Sorte zu entdecken, deren Blüten entlang der bogig überhängenden Triebe erscheinen. Da der Strauch mit seinem kleinen, zierlichen Laub auch Schatten verträgt, kann man ihn in eine Blütenhecke am Zaun integrieren, direkt an den Zaun setzen oder vor eine Mauer oder eine Gehölzgruppe pflanzen.

Blüte einmalblühend; einfach; ø 5 cm; goldgelb; leichter Duft
Wuchs 2 m hoch; kräftig; aufrecht bis leicht überhängend; stark bestachelt
Hagebutten rot, erbsengroß
Gestaltung Strauch, für naturnahe Gärten
Züchter Allen 1963, Großbritannien

ROSA MULTIFLORA

ASIATISCHE WILDROSE / (VIELBLÜTIGE ROSE)

Rosa multiflora ist ein wüchsiges Energiebündel. Bis 3 m hoch und breit wächst der dichtverzweigte Strauch heran. Seine kleinen, weißen Blüten öffnen sich im Juni/Juli in großen Doldenrispen, aus denen später Büschel erbsengroßer Hagebutten hervorgehen. Eine Rose, wie geschaffen für große Naturgärten und Hecken. Der aus China eingewanderte Großstrauch nahm riesigen Einfluss auf unsere Gartenrosen. Aus der langtriebigen Rose entstanden viele büschelblütige Strauchrosen und zahlreiche Rambler (wie 'Bobbie James', S. 76, 'Seagull', S. 77, und viele andere). Diese pflegeleichten *Multiflora*-Rambler wurden zum Ende des Viktorianischen Zeitalters gezüchtet, blühen vier Wochen lang, sind robust und gesund und haben vergleichsweise wenig Stacheln.

Blüte einmalblühend; einfach; ø 2 cm; weiß; feiner Wildrosenduft

Wuchs 1,5–3 m hoch; mittelstark; bogig überhängend; verzweigte, nur wenig bestachelte Triebe

Hagebutten rot, glatt, glänzend, kugelig, erbsengroß

Gestaltung für Hecken; als Solitärstrauch in großen Gärten; für Deck-, Schutzpflanzungen und Böschungen; für naturnahe Gärten

▼ Auch aus der aus China stammenden *Rosa wichuraiana* mit ihren erst Mitte Juli erscheinenden, weißen Blüten gingen viele Rambler und Kletterrosen hervor. Ihre kleinen Hagebutten sind bei Vögeln sehr beliebt.

ROSA MOYESII

ASIATISCHE WILDROSE / (MANDARINROSE)

Blüte einmalblühend; einfach; ø 5–7 cm; karminrot; kein Duft
Wuchs 2 m hoch; mittelstark; bogig überhängend; etwas staksig
Hagebutten im August/September orangerot; mit Borsten; flaschenförmig, bis 6 cm lang
Gestaltung für Hecken, als Solitär; Bienennährgehölz, Vogelnähr- und Schutzgehölz; für naturnahe Gärten

Die in Westchina beheimatete Mandarinrose (*Rosa moyesii*) gilt zu Recht als eine der schönsten Wildrosen. Ihre purpurroten Blüten mit der leuchtend gelben Mitte aus großen Staubblättern öffnen sich Anfang Juni an den Spitzen der kleinen, kurzen Nebenzweige entlang der vorjährigen Langtriebe. Sie sind ohne Duft, werden aber sehr eifrig von Insekten besucht. Das Laub setzt sich aus 9 bis 13 zierlichen, mittelgrün glänzenden Fiederblättchen zusammen. Der lockerwüchsige Strauch verträgt Frostlagen und Halbschatten, da sich seine Triebe aber bogig neigen, sollte man ihn etwas im Hintergrund platzieren. Aus *Rosa moyesii* entstanden prachtvolle Gartensorten, wie ‘Geranium’, ‘Highdownensis’, ‘Nevada’ (S. 101) und ‘Marguerite Hilling’ (S. 94).

◀ *Rosa moyesii* sowie ihre Sorten ‘Geranium’ und ‘Highdownensis’ sind mit ihrem reichen Hagebuttenschmuck großartige Herbstschönheiten. Die orangeroten Hagebutten sind flaschenförmig und bis zu 6 cm lang.

ROSA RUGOSA

(KARTOFFELROSE) / ASIATISCHE WILDROSE

Die Kartoffelrose (*Rosa rugosa*) kommt aus den salzigen Sanddünen Japans und wurde 1796 in Europa eingeführt. Sie gilt als frosthärteste und salzverträglichste Rose, leidet jedoch auf kalkhaltigen Böden schnell an Eisen-Chlorose, bei der die Blätter vergilben, die Adern aber grün bleiben. Aus ihr gingen viele schöne und robuste Strauchrosen mit den typischen *Rugosa*-Merkmalen hervor: Sie haben stark geadertes, runzeliges, gesundes Laub, dicht mit Stacheln und Borsten besetzte Triebe, die buschig heranwachsen und sie tragen ihre großen, duftenden Blüten an kurzen Stielen über dem Laub. Nach der ersten Blüte im Juni bringen sie weiterhin vereinzelt Blüten hervor, während sie zugleich die dekorativen, fleischreichen Hagebutten ansetzen. Im Herbst wird *Rosa rugosa* zum Blickfang mit roten Hagebutten und goldgelber Herbstfärbung.

▶ 'Dagmar Hastrup' ist eine der bekanntesten unter den zahlreichen Rugosa-Hybriden, von denen viele perfekte Bodendecker sind. Die 1 m hohe Rose blüht bei bester Blattgesundheit reich und öfter, setzt rote Hagebutten an und verfärbt sich im Herbst gelblich.

BLÜTE zweimalblühend; einfach; ø 9 cm; rosa, rosarot oder weiß; duftend

WUCHS 1,8 m hoch; straff aufrecht; sehr dicht verzweigt; dicht und borstig bestachelt

HAGEBUTTEN orange bis ziegelrot; glatt, glänzend; flachkugelig; ø 2 cm

GESTALTUNG für Hecken; viele Sorten sind prächtige Bodendecker; einzeln und in Gruppen; für naturnahe Gärten

ROSA XANTHINA FO. *HUGONIS*

ASIATISCHE WILDROSE / (CHINESISCHE GOLDROSE)

Blüte sehr früh- und einmalblühend; einfach; ø 5 cm; hellgelb
Wuchs 1,5–2,5 m hoch; mittelstark; breitbuschig, leicht überhängend; Triebe im Alter stachellos
Hagebutten schwarzrot; glatt, glänzend, breitkugelig; ø 1,5 cm
Gestaltung dekorative Solitärrose; für naturnahe Gärten

Die leuchtend gelben Blüten der eleganten Chinesischen Goldrose haben Seltenheitswert unter den Wildrosen und sicher so manchem die Augen für deren Schönheit geöffnet. Zusammen mit der ebenfalls aus China stammenden *Rosa moyesii* ist sie die am häufigsten anzutreffende Wildrose. Bereits Mitte Mai entfalten sich die lichtgelben Blütchen, die girlandenartig an kurzen Seitentrieben entlang der bogigen Rosentriebe sitzen. *Rosa xanthina* fo. *hugonis* erzielt mit ihrer Blütenpracht die beste Wirkung, wenn man sie als Solitär vor eine dunkle Gehölzkulisse pflanzt. Sie ist frosthart und auch für trockene Standorte geeignet. In sehr rauen Regionen empfiehlt es sich jedoch, die Rose wurzelecht (also nicht in veredelter Form) zu pflanzen, da sie sich so als noch widerstandfähiger gegen Frost und Krankheiten erwiesen hat.

◀ Eine alte, aus chinesischer Kultur entstammende Wildrose ist *Rosa roxburghii*, deren großen, gefüllten, duftenden Blüten grüne, mit Stacheln besetzte, kugelige Hagebutten folgen, die an Kastanien erinnern.

ROSA NUTKANA

AMERIKANISCHE WILDROSE

Die im westlichen Nordamerika bis hinauf nach Alaska heimische *Rosa nutkana* ist ein lockerer Strauch, der winterhart und schattenverträglich ist und auf eigener Wurzel reichlich Ausläufer treibt. Seine großen, lilarosa Blüten erscheinen im Juni/Juli einzeln entlang der Triebe. Noch größere Blüten bildet seine Sorte 'Cantab'. Daneben gibt es noch zahlreiche andere amerikanische Wildrosen, die, da sie erst im 18. Jahrhundert und noch später nach Europa gelangten, von allen Wildrosen auf die Züchtung unserer heutigen Gartenrosen den geringsten Einfluss genommen haben. Einige, wie *Rosa virginiana*, *Rosa carolina* oder *Rosa nitida* tragen nicht nur schöne Blüten und Hagebutten, sondern brillieren im Herbst noch mit einer auffallenden, rötlichen Herbstfärbung.

▶ *Rosa californica* 'Plena' weist keine Herbstfärbung auf, erfreut jedoch durch eine lange Blütezeit ihrer Dolden, aus denen später Hagebutten hervorgehen. Der bis 3 m hohe, dichtbuschige Strauch eignet sich bestens als Solitär oder für Hecken.

BLÜTE einmalblühend; einfach; ø 6 cm; lilarosa; feiner Wildrosenduft

WUCHS bis 2 m hoch; mittelstark; straff aufrecht; borstige, dünne, dunkelbraune Triebe

HAGEBUTTEN leuchtend ziegelrot; glatt, glänzend; kugelig, ø 2 cm

GESTALTUNG für Hecken; als Solitär für naturnahe Gärten

REGISTER DER ROSEN

REGISTER DER WEITEREN PFLANZEN

BKN STROBEL GmbH & Co. KG, Pflanzenhandel
Pinneberger Straße 238, D-25488 Holm (Kreis Pinneberg)
Telefon: +49 (0) 41 03-12 12-2 34, Telefax: +49 (0) 41 03-12 12-12
E-Mail: carolin.steinmeyer@bkn.de, Website: www.bkn.de, www.bkn.de/weltrose
Seite 99 großes Bild, S. 105 kleines Bild, S. 122 gr. Bild, S. 148 gr. Bild, S. 156 gr. Bild, S. 158 gr. Bild, S. 165 gr. Bild, S. 183 kl. Bild, S. 184 kl. Bild, S. 187 gr. Bild, S. 188 gr. Bild, S. 191 beide Bilder, S. 193 kl. Bild, S. 198 kl. Bild, S. 209 gr. Bild, S. 214 gr. Bild

Delbard – Créateur de nature, 9, route de Commentry, F-03600 Malicorne
Telefon: +33 (0) 4 70 64 33 34, Telefax: +33 (0) 4 70 64 58 61
E-Mail: pepiniere@delbardpro.com, Website: www.delbard.com
S. 99 kl. Bild, S. 121 kl. Bild, S. 133 gr. Bild, S. 181 kl. Bild, S. 226 gr. Bild

W. Kordes' Söhne Rosenschulen GmbH & Co. KG
Rosenstraße 54, D-25365 Klein Offenseth-Sparrieshoop
Telefon: +49 (0) 41 21-48 70-0, Telefax: +49 (0) 41 21-8 47 45
E-Mail: kordes-rosen@t-online.de
S. 105 gr. Bild, S. 125 kl. Bild, S. 142 gr. Bild, S. 147 gr. Bild, S.150 gr. Bild, S. 151 gr. Bild, S. 157 kl. Bild, S. 161 kl. Bild, S. 164 kl. Bild, S. 165 kl. Bild, S. 167 gr. Bild, S. 171 kl. Bild, S. 181 gr. Bild, S. 184 gr. Bild, S. 186 gr. Bild, S. 189 kl. Bild, S. 206 gr. Bild, S. 213 gr. Bild, S. 215 gr. Bild, S. 223 gr. Bild, S. 225 gr. Bild, S. 229 kl. Bild, S. 230 gr. Bild, S. 233 gr. Bild

Poulsen Roser A/S, Kratbjerg 332, DK-3480 Fredensborg
Telefon: +45 (0) 48 48-30 28, Telefax: +45 (0) 48 48-55 78
E-Mail: post@poulsenroser.dk, Website: www.poulsenroser.com
S. 214 kl. Bild, S. 224 gr. Bild, S. 234 beide Bilder

NOACK ROSEN, Im Waterkamp 12, D-33334 Gütersloh
Telefon: +49 (0) 52 41-20 187, Telefax: +49 (0) 52 41-1 40 85
E-Mail: info@noack-rosen.de, Website: www.noack-rosen.de
S. 140 kl. Bild, S. 157 gr. Bild, S. 162 kl. Bild, S. 174 gr. Bild, S. 202 kl. Bild, S. 203 gr. Bild, S. 205 kl. Bild. S. 209 kl. Bild, S. 212 gr. Bild, S. 213 kl. Bild, S. 215 kl. Bild, S. 221 gr. Bild

Rosen Tantau, Tornescher Weg 13, D-25436 Uetersen
Telefon: +49 (0) 41 22-70 84 und 9 04 60, Telefax: +49 (0) 41 22-70 87
E-Mail: tantau@rosen-tantau.com, Website: www.rosen-tantau.com
S. 74, S. 102 großes Bild, S. 121 gr. Bild, S. 141 kl. Bild, S.145 gr. Bild, S. 175 kl. Bild, S. 204 gr. Bild, S. 222 gr. Bild, S. 223 kl. Bild, S. 224 kl. Bild, S. 235 kl. Bild

Rosen-Union eG, Steinfurther Hauptstraße 27, D-61231 Bad Nauheim-Steinfurth
Telefon: +49 (0) 60 32-96 53-0, Telefax: +49 (0) 60 32-96 53-19
E-Mail: info@rosen-union.de, Website: www.rosen-union.de
S. 220 kl. Bild, S. 221 kl. Bild, S. 231 kl. Bild